BILLMEIER / KAUL / KRAMER / KRAPOTH
LAUTERBACH / RAPPE-GIESECKE

DER BEGINN VON
COACHINGPROZESSEN

EHP – ORGANISATION

Hrsg. von Gerhard Fatzer
in Zusammenarbeit mit Wolfgang Looss, Sonja A. Sackmann
und Kornelia Rappe-Giesecke

Reinhard Billmeier / Christine Kaul
Michael Kramer / Sebastian Krapoth
Matthias Lauterbach / Kornelia Rappe-Giesecke

DER BEGINN VON COACHINGPROZESSEN

Vom Fall zum Konzept

Mit einem Geleitwort von
Peter Hartz

und einem Vorwort von
Wolfgang Looss

- E H P 2005 -

© 2005 EHP Verlag Andreas Kohlhage
Johannesstraße 22, 51465 Bergisch Gladbach

Redaktion: Hannah Michels

Bibliografische Information der Deutschen Bibliothek
Die Deutsche Bibliothek verzeichnet diese Publikation in der
Deutschen Nationalbibliografie; detaillierte Daten sind im Internet
über http://dnb.ddb.de abrufbar

Umschlagentwurf: Gerd Struwe
– unter Verwendung eines Bildes von Claudine Fessler –
Satz: MarktTransparenz Uwe Giese, Berlin
Druck und Verarbeitung: Legoprint S.p.A., Lavis (Trento)

ISBN 3-89797-034-1

Inhalt

Zur Reihe *EHP-Organisation*

Die Reihe *EHP-Organisation* stellt neben Übersetzungen wichtiger Basistexte zum Bereich der Organisationsentwicklung und des Change Managements neue grundlegende Texte vor. Dabei ist das Ziel, nicht nur ›verwandte‹ Interventionsformen wie Supervision und Coaching ausführlich darzustellen: *EHP-Organisation* möchte auch einen Beitrag leisten zu einer Entwicklung hin zu einer Beratungswissenschaft jenseits der Techniken. Dabei soll nicht nur der interkulturelle Austausch zwischen Europa, Amerika und anderen Kulturräumen im Vordergrund stehen, sondern auch neue Interventionsformen der OE wie Dialog und Lerngeschichten in Organisationen.

Die Reihe soll sowohl Diskussionsgrundlagen und Denkfiguren im Bereich der OE für das 3. Jahrtausend als auch historische Grundlagen der OE in ihrer Aktualität bereitstellen. Und die Reihe ist ganz bewusst ein Stück unmodisch, weil die Professional Community der OE-Berater, Coaches und Supervisoren zum Teil diese ihre eigenen Grundlagen nicht kennt. Ziel ist es, einen Gegentrend zu den gängigen Einbahnstraßen der Wahrnehmung und zur kulturellen Ignoranz zu installieren, indem auch Autorinnen und Autoren zu Wort kommen, die diesen interkulturellen Dialog praktizieren und konzeptionell untermauern. Damit soll der herrschenden Flut von Publikationen, die zum Teil nur konzeptlos aus dem amerikanischen Sprach- und Kulturraum übersetzt (oder kopiert), eine Reihe mit ausgewählten Titeln entgegengesetzt werden. Inspiriert ist die Reihe auch durch unsere amerikanischen Kollegen und langjährigen Wegbegleiter Chris Argyris, Edgar H. Schein, Fred Massarik, Ed Nevis, Warren Bennis und die Kollegen um Peter Senge am MIT, aus deren Kreis sich auch die Consulting Editors von *EHP-Organisation* rekrutieren. Herausgeber sind vier deutschsprachige Kolleginnen und Kollegen: Gerhard Fatzer, Wolfgang Looss, Kornelia Rappe-Giesecke und Sonja Sackmann.

Als erster Titel erschien 1988 – also zu einem Zeitpunkt, als in Deutschland die Organisationsentwicklung noch vollständig außerhalb des Fokus der Beratungsliteratur lag – Ed Nevis' *Organisationsberatung*, in dem

Gestalt-, System- und Prozessberatungsansätze in Verbindung mit gestalt-psychologischen Grundlagen dargestellt werden.

Es folgte das Buch von Albert Koopman *(Transcultural Management)*, das als erste Monographie ein erfolgreiches interkulturelles OE-Projekt dokumentierte und daraus ein breit anwendbares Modell der interkulturellen Beratung entwickelte.

Koopmans Buch wird ergänzt durch einen Sammelband von Barbara Heimannsberg und Christoph Schmidt-Lellek *(Interkulturelle Beratung und Mediation)*, in dem die Grundlagen der Mediation auf den interkulturellen Bereich und auf die Organisationsentwicklung angewendet werden.

Gerhard Fatzers *Supervision und Beratung*, das die Grundlagen von Supervision und Organisationsberatung umfassend vorstellt (mittlerweile 11. Auflage 2005), wurde nach vierzehn Jahren ergänzt durch: Gerhard Fatzer: *Gute Beratung von Organisationen. Auf dem Weg zu einer Beratungswissenschaft. Supervision und Beratung 2*, in dem in ersten Schritten demonstriert wird, dass die Unterscheidung in Coaching, Supervision und Organisationsentwicklung obsolet geworden ist.

Die verschiedenen *Trias-Kompasse* (Bd. 1: *Erfolgsfaktoren von Veränderungsprozessen*, Bd. 2: *Schulentwicklung als Organisationsentwicklung*) werden fortgesetzt mit Bänden, die sich *Transformationsprozessen in Organisationen* (Bd. 4) und *Kurt Lewin* (Bd. 3) widmen.

Organisationsentwicklung für die Zukunft ist eine breite Darstellung der Grundlagen der lernenden Organisation von Peter Senge und zahlreichen Kollegen wie Bill Isaacs, Ed Schein und enthält die ersten deutschsprachigen Texte von Chris Argyris zur »eingeübten Inkompetenz« und zu »defensiven Routinen«, die diesen wichtigen Vordenker in Europa bekannt machten.

In Ergänzung zu internationalen Autoren publizieren wichtige deutschsprachige Autorinnen und Autoren (z.B. Kurt Buchinger, Jörg Fengler, Wolfgang Looss, Lothar Nellessen, Kornelia Rappe-Giesecke, Sonja Sackmann, Jane E. Salk, Wolfgang Weigand), aber auch Newcomer und bisher noch wenig beachtete Autoren finden hier ein Forum für innovative Ideen und Texte.

Ed Scheins Klassiker *Prozessberatung für die Organisation der Zukunft* folgte sein provozierend-frischer Band *Unternehmenskultur (›The Ed Schein Corporate Culture Survival Guide‹)*; in Vorbereitung befindet sich z.Zt. seine neue Learning History *Aufstieg und Fall von Digital Equipment Corporation*.

William Isaacs (ebenfalls Mitglied der Fakultät des MIT) steuerte seine grundlegende Darstellung der Dialog-Methode zur Reihe bei *(Dialog als*

Kunst gemeinsam zu denken), in dem der Mitbegründer des Dialog-Ansatzes aufzeigte, worin Dialog besteht und wie er auf die Kommunikation von Unternehmen, Führungskräften und gesellschaftlichen Gruppen und im interkulturellen Kontext angewendet werden kann.

Das hier vorgelegte Buch der Autorengruppe aus dem Umfeld der VW Coaching GmbH wird dem Anliegen der Reihe, Qualitätsstandards vorzustellen, auf besondere Weise gerecht. Durch die akribische Untersuchung von Coachingfällen an ihrem jeweiligen Anfang wird etwas geleistet, das bisher zu Unrecht noch nicht in den Fokus geraten ist. In den Theorieteilen, die jeden einzelnen Fall ergänzen, wird direkt aus der Praxis heraus verdeutlicht, wie sich die theoretischen Grundlagen von professioneller Beratung in den Bereichen Supervision, Coaching und Organisationsentwicklung ergänzen auf dem Weg zu einer neuen Form von Beratungswissenschaft. Hier schließt der vorliegende Band unmittelbar an das Buch von Fatzer/Rappe-Giesecke/Looss *(Qualität und Leistung von Beratung)* an, das ebenso in der Reihe *EHP-Organisation* erschien wie ein in Vorbereitung befindlicher Band von Fatzer/Looss *(Mensch und System)*.

Weitere Titel werden dazu beitragen, das Verständnis von Menschen, Teams und Organisationen in einer immer turbulenter werdenden Umwelt zu fördern. Die Zeitschrift *Profile. Internationale Zeitschrift für Veränderung, Lernen, Dialog / International Journal for Change, Learning, Dialogue* ist dieser Zielsetzung ebenfalls verpflichtet und ergänzt als Periodikum die Buchreihe. Reihe und Zeitschrift wollen den Dialog zu den Lesern innerhalb der globalen Professional Community unabhängig von Modeströmungen fördern und der Entwicklung des Feldes von Organisationsentwicklung und Supervision, von Coaching und Lernen, von Veränderung und Dialog dienen. Die Herausgeber und der Verlag EHP freuen sich, wenn Sie sich an diesem Dialog beteiligen und hoffen mit dem vorliegenden Band einen neuen Beitrag zu dieser Entwicklung zu leisten.

Gerhard Fatzer

Geleitwort

Als Volkswagen im Jahr 1995 das Individuelle Coaching einführte, war damit die Erwartung verbunden, dass dieses Qualifizierungs- und Entwicklungsangebot für Top-Manager eine wesentliche Unterstützung für die Leistungs- und Wettbewerbsfähigkeit des Einzelnen und des Unternehmens sein sollte.

Beispielgebend war der Sport, wo Coaching dem Athleten ermöglicht, Höchstleistung genau dann zu bringen, wenn sie im Wettkampf erforderlich ist.

Inzwischen ist Individuelles Coaching zu einem akzeptierten und nachgefragten Personalentwicklungsinstrument für Top-Manager und Manager bei Volkswagen geworden, ein integraler Bestandteil und ein Erfolgsmodell der Personalpolitik des Unternehmens.

Dass das Volkswagen-Coaching-Angebot zur Benchmark wurde, liegt auch begründet in der konsequenten Qualitätsstrategie, die von Anbeginn verfolgt wurde.

Im vorliegenden Buch drücken sich verschiedene Aspekte der Qualitätssicherung im Coaching aus, wie die vertrauensvolle, enge Beziehung der volkswageninternen und externen Coaches und die dauernde gemeinsame Anstrengung aller Beteiligten, die professionelle Qualität immer weiter zu steigern.

Peter Hartz, Sommer 2004

Vorwort

Ein geflügeltes Wort über Coaching besagt, dass es sich um einen sehr unübersichtlichen Markt handelt. Was Coaching ist und sein kann, insbesondere, was auch noch ›gutes‹ Coaching ist, unterliegt nach wie vor wechselnden Einschätzungen und frei flottierenden Bewertungshorizonten. Professionelle Standards, hinter deren Formulierung intensive Klärungsarbeiten engagierter KollegInnen steckt, sollen helfen und können uns dann den Grenzgang zwischen verantworteter Normierung einerseits und der nötigen Vielfalt von Methoden, Konzepten, Stilen andererseits auch in diesem Arbeitsfeld nicht ersparen.

Wenn sich eine professionelle Gemeinschaft in dieser Phase ihrer Reifung befindet, ist es wohl endlich an der Zeit, sich rundum und wirksam von der Idee zu verabschieden, es könnte einen solchen einheitlichen, formulierbaren Standard, eine methodisch richtige und gute Verfahrensanweisung, lernbar und abprüfbar, je geben. Bei diesem Abschied hilft das vorliegende Buch: Hier wird eine andere, angemessene und aussichtsreiche Perspektive eröffnet, wie man sich dem Phänomen des ›guten‹ Coachings zu nähern hat. Eine Herangehensweise wird gewählt, die all die vorliegenden How-to-Ansätze als unzureichende (und gefährliche) Vorspiegelung methodischer Eindeutigkeit demaskiert.

In diesem Buch tobt das Leben, das zu klärende Leben der Klienten und das beraterische Leben der Autoren. Vom Einzelfall ausgehend werden hier Könner ihres Faches in all ihrer Einmaligkeit als kompetente Individuen sichtbar. Bewundernswert der Mut, mit dem sie sich professionell aufeinander loslassen und sich einlassen, der Unterschiedlichkeit Raum geben und dem Zweifel zu seinem Recht verhelfen. So also kann man sein Handeln ableiten im Coaching – und so ganz anders eben auch. Indem sie sich in der Fülle der Einzelfälle einander und uns Lesern zeigen, werden sie als Gruppe zum ›Vor‹-Bild und machen klar: Coaching ist ein beziehungs- und personengebundenes Geschäft, kein kommunikativer Methodenvorrat und keine Sozialtechnologie, die man sich per Einübung aneignen kann. In den Fallgeschichten und den Spiegelungen gelingt es: erkennbar zu machen, wer ich bin in meinem Denken und Wollen als BeraterIn, in meinen Erfahrungen und Interventionsideen. Immer mit dem Risiko, dass andere das alles ganz anders sehen. So entsteht beim Lesen ein Wissenskörper, der die eigene Ergänzungsbedürftigkeit ausdrücklich einschließt und sich der Reproduzierbarkeit des Vorgehens entzieht. Keine billigen »So macht man das!«-Lösungen haben eine Chance. In den Lerngeschichten wird Ernst gemacht mit dem Fakt, dass Beratung phänomenologisch zu denken ist und es wird auch gezeigt, wie viel Bereitschaft zum risikoreichen Sichtbarwerden als Profi dazu nötig ist.

Die Souveränität, die hier spürbar wird, kommt nicht von ungefähr: Die AutorInnen gehören zu den erfahrenen und bedeutungsvollen Vertretern unseres Faches und die Publikation basiert auf einer langen und intensiven Arbeit im professionellen Austausch. Ich wünsche dem Buch viele LeserInnen, insbesondere unter denen, die jetzt voller Hoffnung in dieses Arbeitsfeld strömen. Es wird ihnen ganz sicher verdeutlichen, welche Anstrengungen und Belohnungen die Arbeit personenbezogener Beratung bereithält.

Wolfgang Looss

EINFÜHRUNG

Wie ist das Buch entstanden?

Coaching – schon lange steht dieser Begriff für ein sehr etabliertes und effektives Personalentwicklungsinstrument, das in vielen Branchen insbesondere für Manager und Führungskräfte oberer Hierarchieebenen eingesetzt wird.

Mitte der 90er-Jahre war Coaching in Deutschland noch relativ wenig verbreitet; eines der ersten Unternehmen, das Coaching als Angebot für seine Führungskräfte systematisch und durch den Aufbau einer eigenen internen Coaching-Abteilung nachhaltig implementierte, war Volkswagen. Bei Volkswagen arbeiten im Geschäftsbereich Coaching – eine Abteilung der Volkswagen Coaching GmbH – seit 1995 fünf interne Coaches. Darüber hinaus wurde von Beginn an unter hohen Qualitätsanforderungen ein Pool externer Coaches und Berater aufgebaut, der je nach Bedarf und Kundenwunsch für Führungskräfte von Volkswagen zur Verfügung steht. Inzwischen umfasst dieser Pool ungefähr 100 Coaches (die Anzahl der Bewerber ist um ein vielfaches höher), die erst nach einem umfassenden, strukturierten Verfahren, das immer im Mehr-Augen-Prinzip durchgeführt wird, in den VW-Coaches-Pool aufgenommen werden.

Regelmäßig werden bei Volkswagen im Beisein des Personalvorstands Peter Hartz Coaches-Konferenzen abgehalten, zu der ausgewählte externe Coaches eingeladen werden, die sich zu aktuellen Themen austauschen und miteinander diskutieren. Ein Thema, das dabei immer wieder im Mittelpunkt stand, betraf die »Qualität von Coaching-Prozessen«.

Auf einer dieser Konferenzen im Jahr 2003 bildete sich schließlich eine Gruppe von internen Coaches der Volkswagen Coaching GmbH und externen Coaches, die Interesse hatte, sich weiter mit diesem Thema zu beschäftigen und den Versuch zu unternehmen zu definieren, was Standards guter Coachingprozesse sind. Aus dieser Zusammenarbeit ist im Endeffekt dieses Buch entstanden, geplant war das zunächst aber nicht.

Wir trafen uns regelmäßig in unserer Arbeitsgruppe mit dem Ziel herauszufinden, ob trotz unterschiedlicher methodischer Herangehensweisen und trotz unterschiedlicher beruflicher Hintergründe und Ausbildungen gemeinsame Qualitätsmerkmale oder Standards von Coaching auffindbar sein könnten, die sich in unserem Vorgehen wiederfinden ließen.

Wie sah die Arbeit konkret aus?

Um unserer Vorgehensweise eine gewisse Struktur zu geben, entschieden wir uns dafür, zunächst Anfangssituationen im Coaching zu betrachten, also Situationen unmittelbar nach einer akuten Anfrage, einem ersten Vorgespräch oder höchstens einer Coachingsitzung. Unsere diskutierten Praxisfälle betrafen Kunden, die Führungskräfte in unterschiedlichsten Unternehmen sind.

Unsere Treffen liefen in einer Form ab, die einer Intervisionsgruppe recht nahe kommt. Jeweils ein Kollege stellte einen eigenen Fall, also eine Anfangssituation, vor, über die wir im Anschluss ausführlich diskutierten, vertiefende Fragen stellten, Meinungen austauschten und unsere Ansätze und Gedanken deutlich machten. Um die Ergebnisse unserer Diskussionen nicht zu verlieren, entschlossen wir uns, sie in der Form festzuhalten, die sich nun auch in diesem Buch wiederfindet. Der Fallgeber verfasste eine schriftliche Fallbeschreibung, die übrigen Kollegen schrieben einen persönlichen Kommentar zu dem Fall. Was das Spezielle und das Generalisierbare an diesem Einzelfall ist, erarbeiteten wir erst nach dem Vorliegen aller Fälle und Kommentare. Das Ergebnis sind Maximen für professionelles Handeln, Theorieteile und kontroverse Statements, die sich an die Kommentare anschließen. Wie es nach der Fallbesprechung im Coaching weiterging, beschrieb der Fallgeber, nachdem das Coaching weiter fortgeschritten war.

Coachingpraxis lesbar gemacht

Das dargestellte Procedere hatte unmittelbar Einfluss auf den vorliegenden Text: Da wir die LeserInnen am Prozess der Qualitätssicherung beteiligen wollen – wenn auch nur lesend –, lassen wir die Unterschiedlichkeit der Kommentare bewusst bestehen. Denn sie sind Ausdruck unterschiedlicher Coachingstile, und Coachespersönlichkeiten, Ausdruck aber auch des gemeinsamen Prozesses. Die Unterschiede sollen die LeserInnen ermutigen, die jeweilige Einzigartigkeit als Coach zu pflegen bzw. zu ihr zu stehen.

In diesem Buch ist der Coach Berichterstatter, nicht der Coachingkunde selbst. Das bedeutet, dass die Prozessrealität aus dem Blickwinkel des Coachs wahrgenommen wird. Diese Feststellung ist nicht ganz so trivial, wie es zunächst erscheint. Denn der Berichterstatter und Coach ist gleichzeitig selbst das wirkungsstärkste Instrument bzw. die machtvollste Intervention im Coachingprozess. Um eine Analogie zu verwenden: Musikliebhaber schreiben jeder Geige einen individuellen Klang zu. Das bedeutet, dass keine Interpretation eines Geigensolos dem anderen gleichen kann, schon aufgrund des Instrumentes.

Der Coach selbst ist im Coachingprozess das maßgebliche Instrument. Wichtig also ist, dass durchklingt, »aus welchem Holz« der Coach »geschnitzt« ist. Neben der theoretischen Heimat, dem individuellen Stil mussten wir (und haben das häufig in unseren Kommentaren) den »Resonanzkörper« selbst berücksichtigen, als wir Gedanken zum Coachingstart entwickelten.

Die kontinuierliche Zusammenarbeit in der Gruppe und die Diskussionen ermöglichten es uns zu verstehen, warum wer etwas in dieser besonderen Art darstellt. Darauf wird hin und wieder Bezug genommen. Dieser Bezug mag Außenstehenden nicht ohne weiteres sofort einleuchten, aber wir haben diese Arabesken im Text belassen, um einen Eindruck von der freundschaftlichen Atmosphäre des Arbeitsprozesses zu vermitteln – aber auch als Ermunterung, die eigene Individualität im Coachingprozess mit dem Kunden zu reflektieren und bewusst einzusetzen.

Der Anfang eines gemeinsamen Entwicklungsprozesses mit dem Kunden hat entscheidende Bedeutung für den weiteren Verlauf des Coachings. Hier soll der Coach – das gehört zu seiner Professionalität – die Schnittmenge zwischen dem, was der Kunde wünscht, und dem, was der Coach als nutzbringend, besser: notwendig, für den Kunden erkennt, maximieren. Es ist hier also (die erste, aber niemals die einzige) Gelegenheit zu überlegen: Was stabilisiert, was optimiert die Leistungsfähigkeit meines Kunden, welche Notwendigkeiten muss ich berücksichtigen etc.?

Geglückte Beginne können, wie sich zeigen wird, sehr unterschiedlich aussehen. Ein ›verunglückter‹ Start muss nicht das Scheitern eines Coachings bedeuten; mit hoher Intensität und Professionalität über den Beginn nachzudenken ist aber in jedem Fall unerlässlich.

Wir hüten uns in der gemeinsamen Arbeit, von professionellen Fehlern zu sprechen, wenn wir unsere unterschiedlichen Zugänge betrachten. Neben dem Respekt vor dem Fachwissen des anderen, ist es die Schwierigkeit von Professionalität im Coaching-›Geschäft‹ zu sprechen. Fehlende

Professionalität ist leicht markierbar, schwer markierbar sind dagegen bei gegebenem hohen professionellen Standard Fehlgriffe wie eine dysfunktionale Intervention, Verführbarkeiten, theoriebedingte Fehleinschätzungen, Verstrickungen des Coachs. Im gemeinsamen Diskussionsprozess konnten wir uns auf solche Aspekte aufmerksam machen. Im vorliegenden Buch sind solche kollegialen Hinweise nicht enthalten.

Insgesamt war die gemeinsame Arbeit mit dem Ziel verbunden, die Arbeitsqualität jedes Einzelnen zu verbessern und Standards für hohe inhaltliche Qualität im Coachingprozess zu finden. Ein Versuch also, die einzelgängerische Komponente des Berufs Coach in ihren negativen Konsequenzen durch lustvolle, streitbare, teilweise hitzige Diskussion abzufedern sowie das fehlende kollegiale Feedback im Prozess durch kollegiale Fallbetrachtung zu kompensieren.

Leserinnen und Leser,
die sich die Autoren für dieses Buch wünschen

Wir wünschen uns als Leser unserer hier dokumentierten Auseinandersetzung mit Coachingfällen andere *aktive Coaches*. Ihnen wollen wir vor allem Mut machen, ihre professionellen Überlegungen zu der eigenen Arbeit auch gegenüber anders lautenden Ratschlägen von Kollegen aus einschlägigen Büchern und Artikeln ernst zu nehmen und auch wohlüberlegt zu verteidigen. Es wäre für uns ein Erfolg, wenn die Lust, die wir in der Disputation unserer häufig divergenten Hypothesen hatten, sich auf die Leser übertragen könnte und Ansporn wäre, unterschiedlichste Hypothesen und Zugänge zum Coachingkunden und seiner Thematik zu prüfen, zum Nutzen des Kunden. In diesem Buch werden Ausgangssituationen von Coachingprozessen dargestellt, die teilweise nicht ganz einfach sind; an den auftretenden Schwierigkeiten kann allgemein Gültiges und Generalisierbares am besten beispielhaft dargestellt werden. Insofern zielt unser Buch auch auf streitlustige KollegInnen am Beginn ihrer Coacheskarriere.

Die AutorInnen sind der Überzeugung, dass hier die Praxis die beste Lehrmeisterin ist, deshalb haben wir uns im Wesentlichen auf kurze theoretische Beigaben beschränkt – die theoretische »Homebase« unterstellen wir bei unseren Lesern.

Dieses Buch soll außerdem *interessierte Kunden, die mit dem Gedanken spielen, Coaching in Anspruch zu nehmen,* mit der Situation des Coachs und seinen Gedankengängen bei den ersten Begegnungen vertraut machen. Insofern wollen wir Coaching entmystifizieren: Coaches sind – auch wenn manche KollegInnen das gerne hätten – keine Gedankenleser, sondern lediglich Experten für menschliches Verhalten in sozialen bzw. organisationalen Kontexten. Wie häufig in unseren Darstellungen deutlich wird, sind Coaches keine Therapeuten. Immer wieder wird der Leser sehen, dass dort, wo Therapie beginnen könnte, gewissenhaft arbeitende Coaches klare Grenzen ziehen, diese in ihrer Hypothesenbildung abbilden und in der Kommunikation mit dem Kunden klären. Coaching dient der Unterstützung des Kunden in seiner Leistungsfähigkeit, dort wo diese Leistungsfähigkeit blockiert ist.

Hier können sich also potenzielle Coachingkunden mit der Einstiegssituation vertraut machen und ihren Blick für die Qualität des ausgewählten Coachs schärfen: Stellt er etwa Fragen, die nahe legen, dass er mit Hypothesen arbeitet, die er bereit ist, jederzeit falsifizieren zu lassen.

Letztlich wünschen wir uns, dass *Personalentwickler in Unternehmen* von diesem Buch profitieren und zwar sowohl diejenigen, die im Kontext eines Großunternehmens Coaching als akzeptierte und nachgefragte Personalentwicklungsmaßnahme einführen wollen, wie auch die Vertreter kleinerer Unternehmen, die sich diese Dienstleistung von außen beschaffen wollen oder müssen. Durch den Einblick in die Praxis des Coachings soll es ihnen leichter fallen, Qualität von Schaumschlägerei zu unterscheiden.

Christine Kaul
Sebastian Krapoth

1. KWICKAID

1.1 Der Fall (Christine Kaul)

Herr A. (52 Jahre) ist seit 17 Jahren stellvertretender Filialleiter in einer kleineren Filiale des Dienstleistungsunternehmens Kwickaid. Die Filiale besteht aus dem Leiter und seinem Stellvertreter sowie sechs SachbearbeiterInnen und Hilfskräften. Herr A. fragt im November nach einem Coaching. Sein Filialleiter Herr B. wird Mitte des nächsten Jahres in den Ruhestand gehen. Herr A. ist entschlossen, die Nachfolge als Leiter der Filiale anzutreten. Er hat hierzu seinen Anspruch bereits in der Zentrale von Kwickaid angemeldet und hierbei Folgendes erfahren:
a) Die Entscheidung über den Nachfolger wird Ende Januar fallen.
b) Es gibt bereits drei weitere Bewerbungen für diese Position.

Dies bedeutet, dass es Ende Januar zu einer Anhörung der Bewerber kommen wird, vor einem Gremium, das aus dem Leiter der Kwickaid-Zentrale besteht, dem Vorstand und dem Personalleiter der größten Kundenorganisation der Filiale sowie einem Arbeitnehmervertreter. Herr A. hat bereits mit zwei Personen dieses Prüfungsausschusses gesprochen und divergente Rückmeldungen zu seiner Bewerbung erhalten. Während ihm der Personalleiter der Kundenorganisation deutlich signalisiert, dass er ihn – nach den Erfahrungen der letzten Jahre – nicht für geeignet hält, die Leitung der Filiale zu übernehmen, drückt der Arbeitnehmervertreter sein grundsätzliches Wohlwollen aus. Auch mit den sechs SachbearbeiterInnen/Hilfskräften hat Herr A. gesprochen. Sie möchten, so sein Eindruck, unisono ihn als neuen vorgesetzten Leiter. Herr A. hält sich selbst für den geeignetsten Kandidaten für die Filialleitung aufgrund seiner langjährigen Erfahrungen hier, räumt allerdings ein, dass er in den vergangenen Jahren (aus Loyalität zum Leiter) nichts getan hat, um aus dem Schatten seines Vorgesetzten herauszutreten. Zudem beschleicht ihn das Gefühl, dass dies eine ›Alles-oder-nichts‹-Situation darstellt. Wann, wenn nicht jetzt, hat er die Chance, Karriere zu machen? Ein weiteres Arbeiten als Zweiter unter einem neuen Ersten erscheint ihm wie eine große persönliche Niederlage. Herr A. möchte sich auf diese Anhörung angemessen vorbereiten, sowohl mental wie auch in der Selbstpräsentation, um sich einen überzeugenden Auftritt zu verschaffen und den ›Zuschlag‹ zu erhalten.

1.2 Kommentare

Kornelia Rappe Giesecke

Wenn man nach 17 Jahren Arbeit als Stellvertreter aus dem Schatten des Vorgesetzten heraustreten möchte und selbst Vorgesetzter werden will, so erscheint dies für die Umwelt recht überraschend und irritierend. Sie wird sich fragen: »Wieso jetzt erst?«, »Warum überhaupt noch?« Die ersten Reaktionen und Resonanzen in unserer Arbeitsgruppe waren Skepsis bis Amüsiertheit über das Unterfangen. Die meisten Reaktionen hatten einen entwertenden Unterton; ich vermute, dass er auch in seinem beruflichen Umfeld auf ähnliche Phänomene treffen wird (s.u. Theoriekarte ›Spiegelung‹, Fall 2).

Meine Hypothese ist, dass Herr A. in dem Konflikt steht, sich zwischen seiner äußeren und seiner inneren Karriere zu entscheiden (s.u. Theoriekarte ›Karriereanker‹). Herr A. wird vermutlich Sicherheit und Beständigkeit als Karriereanker haben. Manager mit diesem Anker sind ihrem Unternehmen gegenüber absolut loyal, sie bringen kontinuierlich gute Leistungen, wenn sie sicher sein können, dass ihre Beschäftigung gesichert ist und die Anforderungen an sie konstant bleiben, ihre Aufgaben also vorhersehbar sind. Die Art von Belohnung, die Menschen mit diesem Karriereanker brauchen, ist, dass ihre Loyalität geschätzt wird und sie einen sicheren Arbeitsplatz haben. Manager mit diesem Anker haben es in Unternehmen, die Ehrgeiz und die beständige Bereitschaft fordern, sich auf Veränderungen einzulassen, und die gut dotierte, aber unsichere Arbeitsplätze bieten, schwer. In diesen Unternehmen sind Menschen mit dem Karriereanker ›Totale Herausforderung‹ oder ›General Management‹ anschlussfähiger. Die positiven Seiten des Sicherheits-Ankers werden nicht geschätzt, obwohl sicher kein Unternehmen ohne Führungskräfte mit diesem Anker auskommen wird.

Mein Eindruck ist, dass Herr A. über die Jahre gut in diesem Unternehmen und an seinem Platz hat arbeiten können, zumal das Unternehmen ihm als Spezialisten eine hohe Arbeitsplatzsicherheit bieten kann. Woher kommt diese Unruhe, dieser Wille, nun doch noch Chef zu werden?

Herr A. ist in einem Alter, in dem sich die Frage stellt, ob man diese Arbeit bis zum Ruhestand weiter machen will oder ob man noch einmal durchstarten und etwas Neues anfangen will. Sieht er in dem Aufstieg seine letzte Chance für eine derartige Entscheidung? Stellt sich für ihn die Frage nach dem Lohn für die Rolle des Zweiten und die Jahre der Anpassung? Gab es vielleicht nicht genügend Wertschätzung für seine Rolle als guter Zweiter in seinem Unternehmen, und nun möchte er sich die ihm möglicherweise vorenthaltene Belohnung in Form eines Aufstiegs holen?

In jedem Fall fordert diese Chance ihn dazu heraus, seine früher getroffenen Entscheidungen – z.B. sich nicht für höher dotierte Stellen zu bewerben – noch einmal zu bewerten und sich damit auseinander zu setzen, was er mit seinen letzten Jahren im Beruf noch erreichen will. Er hat sich offenbar schon entschieden, aber die Art und Weise, wie er es macht, lässt in mir Skepsis an der Qualität dieser Entscheidung aufkommen. Sie passt nicht zu seinem bisherigen Weg, und ich fürchte, dass durch seine Fixierung darauf, dass es klappen muss, ihn eine mögliche Niederlage umso härter treffen wird.

Mir ist bisher zu wenig Realität im Spiel. Was heißt es denn, wenn er im Wesentlichen Managementaufgaben wahrnehmen muss und nicht mehr fachlich arbeiten wird? Will und kann er das wirklich? Was verliert er? Schätzt er es richtig ein, welche Folgen es für ihn, dem offenbar die Akzeptanz der Mitarbeiter wichtig ist, haben wird, wenn er die Einsamkeit der Leitungsposition erleben wird?

Meine Vermutung ist, dass in ihm zwei Selbstbilder und damit verbundene Wertorientierungen konfligieren. Ein Selbstkonzept, das sich aus seinem Karriereanker speist und Sicherheit und Beständigkeit will und braucht und eines, was sich eher aus einem Fremdbild speist. Dieses Fremdbild könnte aus Aufträgen und Delegationen seiner Ursprungsfamilie entstanden sein. Oder es könnte aus den vorherrschenden Idealen, was einen guten Professional ausmacht, insbesondere, woran man dies in seiner äußeren Karriere festmachen kann, stammen. Er gehört einer Profession an, die sehr hierarchie- und machtbewusst ist. Das dritte für ihn relevante System, das ihm Bilder seiner Rolle und Karriere liefert, ist sein Unternehmen. Ich vermute, dass er im Sinne dieses Unternehmens keine Karriere gemacht hat, er entspricht nicht dem Bild der flexiblen, aufstrebenden Führungskraft, die jede Chance zum Weiterkommen ergreift.

Was könnte das Ziel einer Beratung von Herrn A. sein? Eigentlich brauchte er eine Karriereplanung und nicht ein Coaching, das ihn möglichst optimal auf das Bewerbungsverfahren vorbereitet. Der Auftrag, den er gibt, ist Teil seines Konflikts und zieht mich als Beraterin in die Lösung, die er gefunden hat, hinein, ich soll nur noch bei der Umsetzung helfen. Ich würde mit ihm am liebsten eine Karriereplanung machen, zunächst seinen Anker und seine Vision vom idealen Arbeitsplatz erkunden und dann beide Szenarien erarbeiten: Ich habe die Chefstelle – Ich bleibe Zweiter und bekomme einen neuen Chef.

Wie anschlussfähig ich mit einer solchen Idee bin – bei ihm, der nun unter einem Zeitdruck steht, den er vermutlich in den letzten 17 Jahren so nicht erlebt hat, und der sich schon auf einen einzigen Weg festgelegt hat, weiß ich nicht. Das würde ich in einem Sondierungsgespräch mit ihm testen wollen. Zeitlich wäre es vermutlich kein Problem, aber er wird diesen Vorschlag möglicherweise als in seinem Sinne nicht zielführend erleben. Falls er sich nicht auf eine Karriereplanung einlassen würde, könnte das Ziel eines Coachings lauten: Vor- und Nachbereitung des Bewerbungsverfahrens. Damit ist die Botschaft verbunden: Es gibt auch ein ›Danach‹, wie auch immer es aussieht.

Die Vorbereitung auf das Verfahren könnte so aussehen, dass man an seinem Profil arbeitet: Was sind seine Fertigkeiten und Fähigkeiten, die er für die neue Funktion mitbringt, seine Stärken und Schwächen. Was sind die Anforderungen dieser Funktion und Rolle und wie passen diese Anforderungen mit seinem Profil zusammen? Realitätsprüfung und die Überprüfung der Selbsteinschätzung sind notwendige Voraussetzungen für die Vorbereitung und werden nebenher dazu beitragen, die Sinnfrage, die sich mit dieser Entscheidung verbindet, an die Oberfläche zu holen.

Die Nacharbeit wird entweder ein Coaching als »Schuhanzieher für die neue Rolle« sein (Looss 1999) oder die Verarbeitung der ›Niederlage‹ und das Gewinnen neuer Perspektiven zum Thema haben.

*Die Maximen für professionelles Handeln in einer
solchen Anfangssituation sind:*

Wie auch in diesem Fall habe ich als Beraterin die Möglichkeit, die Lösung des Klienten zu akzeptieren und an deren Umsetzung zu arbeiten, wohl wissend, dass diese Lösung vermutlich nicht die einzige und nicht die beste ist; oder im Sinne der prozessorientierten Beratung die Lösung zu suspendieren und die Situation erst einmal gemeinsam zu diagnostizieren, um dann im zweiten Schritt Lösungen und Optionen zu entwickeln. Letzteres ist mir als Coach natürlich lieber, weil dieses Vorgehen die Fehlerquote bei der Festlegung des Ziels der Beratung erheblich minimiert. Es ist eine Frage des Kontakts und des Vertrauens, letztlich also des Arbeitsbündnisses, ob man die Lösung des Klienten schon am Anfang infrage stellen kann. In fast allen Anfangssituationen von Beratungen gerate ich als Beraterin in eine nicht auflösbare Paradoxie. Die Arbeit an der vom Klienten gefundenen Lösung seines Problems ist aus der Perspektive des Beraters ein »structural trap« (David Kantor 1994), eine Falle für den Berater und den Ratsuchenden. Der Berater kann aber wegen des noch nicht hergestellten Arbeitsbündnisses in dieser Anfangsphase darüber kaum eine Verständigung herstellen, weil diese Konfrontation eine Vertrauensbeziehung voraussetzt. Ein Coachingprozess ist nur dann optimal angelegt, wenn er ergebnisoffen sein darf.

Meine spontane emotionale Reaktion auf Herrn A. war die Entwertung der Entscheidung Chef zu werden – eine Reaktion, die er nicht nur uns in der Arbeitsgruppe, sondern auch anderen im Unternehmen nahe legen wird. Dieses Empfinden ist in dem Moment verschwunden, in dem ich ein Gefühl für seinen inneren Konflikt bekommen habe. Ohne diesen Kontakt und die daraus entstehende Wertschätzung seiner Person und Entscheidung werde ich nicht mit ihm arbeiten können. Es ist wichtig, dieses ›Amüsiert-Sein‹ und die Irritation bei mir als Beraterin wahrnehmen zu können, sonst werden diese Affekte sich unkontrolliert ihren Weg bahnen. Es ist meine Erfahrung, dass die Reaktionen, die bei mir ausgelöst werden, auch im Umfeld des Klienten eintreten. Dies gibt mir die Möglichkeit, Annahmen über die Dynamik des Feldes, das der Klient konstruiert, zu entwickeln.

Es liegt nicht in meiner Verantwortung als Coach, Herrn A. diese Entscheidung für die Bewerbung auszureden, es liegt allerdings in meiner Verantwortung, die Zahl der Optionen, die er hat, zu erweitern.

Michael Kramer

Ein auffallendes Phänomen bei der Falldiskussion in unserer Arbeitsgruppe waren zunächst die eher abwertenden und amüsierten Reaktionen auf die Person und Situation des Kunden. Dies scheint die Spiegelung der Reaktion des Kundenumfeldes auf sein Anliegen zu sein und liefert notwendige Hinweise auf zu bearbeitende Themen (Selbstmanagement und Selbstmarketing). Weiterhin lässt das beschriebene Phänomen die Betrachtung der eigenen Haltung zu dem Fall/Kunden sinnvoll erscheinen.

Um eine Ankoppelung an die Welt des Kunden herstellen zu können, ist eine ressourcenorientierte Herangehensweise notwendig. Nehmen wir dann also an, dass die 17 Jahre in der zweiten Reihe, geprägt von Loyalität, durchaus eine respektable Einstellung und positiv begründete Entscheidung des Kunden waren. Dass für jede Entscheidung ein Preis gezahlt werden muss, ist klar und im hiesigen Fall mit Sicherheit eine Begrenzung in Macht und Entwicklung.

Jetzt tritt eine neue Situation auf, auf die Herr A. mit Flexibilität und Umorientierungsbereitschaft reagiert. Er erkennt, dass er dabei Unterstützung braucht, denn seine ganze Identität und Identifikation, seine Instrumentarien und Routinen sind seiner bisherigen Rolle und Situation angepasst. Das Anliegen des Kunden einen Coachingprozess einzugehen, erscheint in diesem Lichte betrachtet unterstützenswert. Das gravierende Problem, das ich dabei sehe, ist der Zeitdruck.

Die Themen, um die es mit Sicherheit gehen wird und die von einem professionell handelnden Auswahlgremium ebenfalls berücksichtigt werden, sind:

- Identität
- Ziele
- Visionen
- neue Rolle und Aufgaben
- neue Spielregeln
- neue Kommunikationsanforderungen

All diese Aspekte sind noch nicht einmal ansatzweise in einem Zeitraum von zwei Monaten zu bewältigen.

In unserer Rolle und Verantwortung als Coach sind wir verpflichtet, nicht zuzulassen, dass der Kunde das Verfahren bestimmt und uns seinen Zeitplan und gegebenenfalls auch anzuwendende Interventionen implizit oder ganz direkt vorgibt. Hier sind wir die Experten.

Bei der Fixierung auf das äußere Ziel »Ich will diesen Führungsjob«, können leicht Fragen untergehen wie:

- Passt die Aufgabe überhaupt zu mir und meinem Leben?
- Bin ich mir über die neuen Anforderungen und Erwartungen im Klaren?
- Habe ich überhaupt Lust darauf?
- Kann ich das überhaupt?
- Welches sind meine Stärken und Schwächen?
- Was müsste ich lernen und will ich das?
- Geht das überhaupt parallel zum bestehenden Arbeitsalltag?

Wenn wir an sein Anliegen anknüpfen, dann müssen wir zwei Zielhorizonte aufbauen: Das Nahziel wäre die Vorbereitung auf die Anhörung und dann, egal, wie die Entscheidung ausfällt, als ferner liegendes Ziel die Verarbeitung des Ergebnisses.

Bei positiver Entscheidung wäre ein längerer Prozess mit oben beschriebenen Themen notwendig. Bei einer negativen Entscheidung wären als mögliche Themen die Bewältigung und Integration der Kränkung und die Weiterarbeit in der alten/neuen Position denkbar. Eventuell könnte die Entwicklung auch in Richtung einer Trennung und gänzlichen Neuorientierung gehen. Diese beiden Optionen müssen meiner Ansicht nach auch schon im Kontrakt benannt und vereinbart werden.

Bei der Bearbeitung des Nahziels wäre zu berücksichtigen, wie das System mit seinen unterschiedlichen Spielern auf ihn und sein Vorhaben reagiert. Daraus lassen sich Hinweise generieren, wie er sein Verhalten (denn nur darum kann es in dieser Phase gehen) optimieren kann. Als Stichworte fallen mir hier ein:

- seine strategische Positionierung und Herangehensweise an das Ziel
- seine Selbstvermarktung und Kommunikation.

Die Analyse der Reaktionen des Umfeldes liefert Informationen, die seine Strategien beeinflussen sollten. Was bedeutet der Widerstand und dann speziell dieser Personen, aber auch, was bedeutet die Unterstützung eines Teils des Systems? Welche Wünsche und Erwartungen sind daran gekoppelt, und wie will er sich, besonders in Hinblick auf die neue Rolle und Funktion, dazu positionieren?

Die Bearbeitung der kurz- und mittelfristigen Coachingthemen setzen eine Konfrontationsbereitschaft des Coachs voraus, deren Basis wiederum eine tragfähige Beziehung zum Kunden ist.

Der Coach sitzt hier in einer systembedingten Falle. Um eine ausreichende Arbeitsbeziehung herstellen zu können, in der die eigenen Hypothesen und Themenimpulse eingebracht werden können, muss der Coach das Themenangebot des Kunden, auch wenn es in gewisser Hinsicht problematisch erscheint, zunächst annehmen. Der Falle können wir nur dadurch entgehen, ihre Auswirkungen können wir nur dadurch abmildern, dass wir schon im Kontrakt darauf hinweisen und uns die Erlaubnis holen, auf beiden Ebenen zu arbeiten. Im vorliegenden Fall muss schon im Kontrakt neben dem Ziel ›fit machen für die Auswahl‹ etwas über Passung, Rolle, Eignung sowie Ergebnisoffenheit enthalten sein.

Matthias Lauterbach

Die Klärung der Hintergründe des Auftrags zeigt, dass Herr A. auch bei guter Vorbereitung auf die Anhörung kaum Chancen hat, die Stelle zu bekommen. Er erzeugt ein ›Alles-oder-nichts‹-Muster und steuert auf eine Situation zu, die er als »große persönliche Niederlage« erleben wird. Damit wird ein Problem deutlich, dass von dem Kunden zunächst nicht klar benannt wird, dass aber für den Coachingprozess zentral werden könnte. Das hinter dem Auftrag stehende Problem lässt sich mit Fragen so umschreiben:

- Wie kommt der Kunde in eine Situation, in der er eine von ihm wenig zu beeinflussende Entscheidung zum Bewertungsmaßstab seiner Lebensleistung macht?
- Welche biografische Dynamik treibt ihn, welche Weltbilder liegen dem zugrunde, welchen Unternehmensleitbildern folgt er?
- Was wird die Folge sein, wenn er sein Ziel nicht erreicht? Welche Alternativen lassen sich eröffnen? Lassen sich mögliche Folgen und Risiken für den Kunden und für das Unternehmen (z.B. reduzierte Motivation, Fehlzeiten) thematisieren?

Der Blick fällt auf die Lebensdynamik des Kunden. Zentrale Bedeutung haben natürlich die persönlichen Lebensziele und die ›inneren Landkarten‹, wie diese Ziele zu erreichen sind. Dabei spielen die familiären berufsbezogenen Erlebenswelten eine wichtige Rolle (z.B. ob er aus einem Selbständigenhaushalt, einer Beamtenfamilie o.ä. stammt). Es ist zu vermuten, dass bei dem geschilderten Kunden das Erreichen einer Leitungsposition ein wichtiger Teil des Lebens- und Berufszieles ist. Der Weg dorthin scheint dem Motto ›Anrecht erwerben durch Loyalität und geduldiges Warten‹ zu folgen. Daraus leiten sich Vermutungen über sein Wertesystem ab (›Gerechtigkeit‹). Da für das Erreichen des Lebensziels die Zeit eng wird und das Ziel nur in dem Unternehmen zu realisieren ist, wird der Druck sehr hoch.

Ein weitergehende Vermutung wäre, dass es mit seinem Wertesystem nicht vereinbar ist, auf das Ziel, den Platz des Ersten einzunehmen, ›freiwillig‹ zu verzichten. Er könnte selbst dann nicht verzichten, wenn er an seinem Ziel, erster Mann zu werden, Zweifel hätte (eigene Ambivalenz). Der Erwartungsdruck der sozialen Umgebung, der Ursprungsfamilie, der Partnerin o.a. und/oder seine eigene Beschreibung seines Lebenssinns verhindern das. Erst das Schicksal, die Ungerechtigkeit im Unternehmen oder andere unbeeinflussbare Außenkräfte lösen dieses Ambivalenzproblem.

Der Kunde war über viele Jahre der zweite Mann in der Filiale, fachlich und sozial wahrscheinlich sehr kompetent. Dies zeigt auch die Resonanz, die seine Bewerbung bei seinen MitarbeiterInnen und der Personalvertretung hat. Er ist »dicht an der Mannschaft«, was für eine gute Arbeit von

Herrn A. auf der Teamebene spricht. Es ist natürlich auch ein häufiges Phänomen, dass Mitarbeiter eher Veränderungen fürchten, die durch neue Chefs ins Haus kommen und deshalb das Gewohnte wählen. Es stellt sich aber in diesem Zusammenhang eine wichtige, in den meisten Unternehmen nicht gut gelöste Frage: Was wird aus den ›guten Zweiten‹, die mit besserer Führungsleistung aus der zweiten Linie operieren, aber die mit ihrer Kompetenz von der Wertekultur des Unternehmens abgekoppelt sind? Wie wird deren Leistung sichtbar gemacht?

Für Herrn A. hieße das: Kann durch Veränderung der Aufgaben- und Verantwortungszuschnitte ein wenig mehr ›Sonne‹ auf ihn fallen? Offenbar ist bei Herrn A. die Idee nie aufgekommen, hierfür selbst aktiv zu werden. Dazu hätte es auch einer aktiven Einnahme der Rolle des Zweiten bedurft, die aber von ihm als (jahrelange) Übergangssituation definiert wurde, also eine Art Provisorium, das er sich diesbezüglich nicht entsprechend komfortabel ausgestattet hat: Der Glanz wird schon auf ihn fallen, wenn er dann Erster sein wird.

Für den Coachingprozess ergeben sich aus dieser Hypothesenlage einige Fragen:

• Wie deutlich und wann muss der Kunde vom Coach mit dessen Wahrnehmungen und Hypothesen konfrontiert werden?

Der Widerspruch, dass ein Ziel, das mit dem Coaching angestrebt wird, mit einer hohen Wahrscheinlichkeit verfehlt wird, macht einen zweistufigen Kontrakt erforderlich, wenn nicht der Misserfolg an dem Coach mit ›kleben‹ bleiben soll. Die erste Stufe ist, an das Anliegen von Herrn A. anzukoppeln, es ernst zu nehmen (»Wir machen alles dafür, dass die Vorbereitung optimal sein wird.«). Gleichzeitig ist in einer zweiten Stufe ein Danach zu öffnen: Sowohl bei Erfolg als auch bei Misserfolg ist eine Fortsetzung des Coachingprozesses vorzuschlagen. Um diese Empfehlung plausibel zu machen, muss der Coach einen Teil seiner Hypothesen dem Kunden zugänglich machen. Dies kann z.B. über Fragen geschehen (»Ich frage mich gerade, wie es kommt / was es für einen Sinn macht, dass Sie sich in eine Situation begeben, in der Sie mit einer hohen Wahrscheinlichkeit scheitern.«).

Die Zielbestimmung von Herrn A. wird auf diesem Wege ergänzt oder verändert. Es ist eine der Aufgaben des Coachs in der Anfangssituation, die Fragen und Probleme des Kunden mit ihm zusammen so zu formulieren, dass es – jeweils bezogen auf Handlungsbereich des Kunden – beantwortbare Fragen und lösbare Probleme werden; zusätzlich sind die vom Coach wahrgenommenen Grenzen zu thematisieren.

Es ist also mit Herrn A. zu klären, in welcher Breite und Tiefe seine Anfrage bearbeitet werden soll. Um es mit einer Metapher zu beschreiben: Sie kann auf der ›Benutzeroberfläche‹ erledigt werden, also Training, mentale Einstellung etc. (mit dem Risiko, dass beim abzusehenden Scheitern der Coach mit im untergehenden Boot sitzt). Auf die verschiedenen Bearbeitungsebenen ist Herr A. hinzuweisen, um mit entscheiden zu können, ob auch die ›Software‹ oder sogar das ›Betriebssystem‹ (gar nicht zu sprechen von der ›Hardware‹) mit in den Coachingprozess einbezogen werden soll.

Zielbestimmungen des Coachingprozesses werden in diesem Klärungsprozess nicht verstanden als Szenarien, die zwingend erreicht werden müssen oder sollen. Sonst würden die Prozesse zu starr werden und evtl. sogar die Pointe verpassen. Ziele haben die Funktion, das Planen und Handeln zielorientiert zu bündeln. In vielen Coachingprozessen verändert sich die Zielbestimmung und muss der jeweiligen Entwicklung angepasst werden.

Die Wirklichkeit von Herrn A. ist das Gesamt seiner »inneren Landkarten«, an denen er sich orientiert. Sie sind geschichtsabhängig. Der Coach hat andere Wirklichkeiten, ebenfalls geschichtsabhängig. Die Wirklichkeiten müssen sich unterscheiden, sonst hat der Coach keinen Effekt, da er nur das wiederholen könnte, was der Kunde schon weiß. Was aber ist hier zu tun, wenn der Coach den Eindruck hat, Herr A. reagiere auf eine Situation oder auf Signale seiner Umwelt nicht angemessen, liege mit seiner Einschätzung eklatant daneben, schade sich dabei evtl. sogar?

Hier gilt einerseits die Achtung vor der Wirklichkeit des Kunden, das Verstehen dieser Wirklichkeit (Wie ist sie entstanden? Welche Lebenserfahrungen, Werte liegen ihr zugrunde? Wofür ist sie nützlich, sinnvoll? etc.) als wesentliche Leitlinie. Andererseits sind über geeignete Methoden (Visualisierungen, Analysen der Umfelddynamik, systemisches Fragen, eigene Einschätzungen, Berichte aus vergleichbaren Situationen, Konfrontationen etc.) die Einschätzungen des Coachs verfügbar zu machen, sobald die Beziehungssituation dies trägt.

Man könnte es dem grundlegenden Kompetenzspektrum eines Coachs zuschreiben, wie er solche Zielbestimmungen und Kontraktformulierungen mit seinen Kunden vornimmt und wie er dabei mit unterschiedlichen Perspektiven/Wirklichkeiten/Einschätzungen umgeht.

Fragen, die sich an die Reflexion der Geschichte von Herrn A. anschließen:
• Welche Methoden kommen für die verschiedenen Schritte in dem Coachingprozess von Herrn A. zum Einsatz? Ist Methodik überhaupt

wichtig und wenn ja wofür, wenn nein, ist alles beliebig oder was sind Bewertungskriterien?
- Wie stellt der Coach sicher, dass er dem Kunden nicht seine eigenen Ziele verkauft?
- In welchen Situationen und wie erfolgen konfrontierende Interventionen durch den Coach? Wann im Coachingprozess sind solche Interventionen sinnvoll, was sind die Vorbedingungen auf der Beziehungsebene? Welche Strategien des Scheiterns haben sich bewährt?

Reinhard Billmeier

Aufgabe des Coachs wird in diesem Fall vermutlich sein, mit dem Klienten an Szenarien zu arbeiten, die aus der »Alles-oder-nichts«-Situation herausführen.

Dass der Klient den ›Zuschlag‹ erhält, erscheint nach der Schilderung durchaus fragwürdig. Wie auch immer das Ergebnis ausfallen wird, hat der Klient mit dem Thema zu arbeiten, die letzten Phasen seines beruflichen Wirkens aktiv zu gestalten. Dass ihm das in einer Situation bewusst wird, die sich unter den Aspekten von ›jetzt oder nie‹ und ›alles oder nichts‹ zu zeigen scheint, spricht erst einmal dafür, dass ihm so etwas wie eine regelmäßige Überprüfung seiner Entwicklungsmöglichkeiten, -perspektiven und -notwendigkeiten wohl eher fremd gewesen ist.

Insofern ist im Coachingprozess sicher die ganz grundlegende Karrierefrage anzusprechen: Was will und kann ich überhaupt (noch) werden? Ein erster Schritt wäre aus meiner Sicht auch, die intrinsische Motivation zu überprüfen. Es könnte schließlich sein, dass er sich aus seinem sozialen Umfeld (z.B. durch die Ehefrau) zu dieser Bewerbung verleiten lässt; schließlich hat er sich 17 (!) Jahre offensichtlich ohne große eigene Anstrengung in der Position des Zweiten eingerichtet.

Das kritische Urteil des Personalleiters würde ich in diesem Fall eher stärker gewichten als das zustimmende des Betriebsrats. Insofern würde ich es auch als Verantwortung des Coachs begreifen, den Klienten zum Einholen von weiterem Feedback anzustiften, um sicherzustellen, dass der Klient sich mit der Umfeldrealität auseinandersetzt.

Auch wenn es in dieser Beschreibung Anzeichen für eine problematische Selbsteinschätzung des Klienten gibt, so sollte es doch Leitlinie des Coachingprozesses sein, den positiven Impuls des ›Noch-etwas-Wollens‹ aufzugreifen und dabei zu helfen, dies in die Lebenssituation des Coachees zu integrieren.

Dabei kann es im weiteren Verlauf möglich sein, dass sich das Ziel des Klienten verändert oder verändern lässt: So könnte er einerseits ein positives Verständnis dazu entwickeln, zweiter Mann zu sein – dass diese Position in der Leistungskultur der Organisation vollständig unterbewertet ist, macht die Sache natürlich nicht einfacher.

Als andere Alternative, wenn sich der Wunsch nach Erweiterung wirklich beharrlich zeigen sollte, könnte sich anbieten, diese Impulse in einem berufsunabhängigen Feld (z.B. Verein) zu suchen und ins Leben zu integrieren. Für eher unwahrscheinlich – aber der Vollständigkeit halber angesprochen – halte ich die Möglichkeit, ggf. das Unternehmen oder den Bereich im Unternehmen zu wechseln, um möglichst unabhängig von der ›alten Geschichte‹ noch einmal neu durchzustarten.

Sebastian Krapoth

Herr A. erhofft sich durch das Coaching eine angemessene Vorbereitung auf eine Bewerbungssituation. Ich laufe hier als Coach in die Falle, dass der Kunde von einem Coachingprozess innerhalb kurzer Zeit Unterstützung für die Bewältigung einer Situation erwartet, die für ihn nur einen einzigen akzeptablen Ausgang hat. Da dieser nicht unbedingt zu erwarten ist, besteht die Gefahr, von dem Kunden später sogar noch für seinen möglichen Misserfolg mitverantwortlich gemacht zu werden.

Wenn ich hier als Coach einsteige, würde ich im Rahmen der Auftragsklärung darauf hinweisen, dass das Coaching möglicherweise mehr umfasst und tiefer gehen kann, als er es zunächst erwartet (und vielleicht sogar im Anschluss an die Bewerbungssituation erst ›richtig‹ beginnt). Problematisch dabei ist, dass ich den Kunden sehr früh mit Überlegungen von mir konfrontieren muss (Thematisierung der Möglichkeit des ›Scheiterns‹), die ihm erst einmal nicht gefallen und völlig gegenläufig zu seinen Zielvorstellungen sind. Dies könnte im Extremfall auch dazu führen, dass er mich als Coach ablehnt. Das Risiko würde ich eingehen, ich halte diese sehr frühe und deutliche Konfrontation bei diesem Fall für sehr wichtig.

Dennoch sollte ich gleichzeitig Wege aufzeigen, wie er sich auch nach eher äußerlichen Merkmalen (Art der Selbstpräsentation, Vorbereitung auf zu erwartende und kritische Fragen) gut auf die Anhörung vorbereiten kann. Denn Herr A. will vor allem gut vorbereitet sein: Aus meiner Sicht gehört zu seiner guten und reellen Vorbereitung sowie einer ›Entdramatisierung‹ der Situation auch, sich damit zu beschäftigen, was passiert, wenn er nicht die Stelle bekommt, und überhaupt die Beschäftigung mit der Zeit nach der Anhörung. Dies allein könnte zu einer hoffentlich entspannteren Haltung der druckauslösenden Situation gegenüber führen und gleichermaßen Herrn A. zu einer Klärung und Überprüfung seiner Ziele und Visionen verhelfen.

Es geht mir insgesamt darum, den Fokus des Kunden zu erweitern, seinen ›Alles oder nichts‹-Gedanken zu lockern, und ihn damit freier und lockerer zu machen. Bei dieser Erweiterung des Fokus sind aus meiner Sicht Fragen zur persönlichen Berufsbiographie und weiterer Karriereplanung zu bearbeiten. Es ist erstaunlich, dass Herr A. nach 17 Jahren in derselben Position im Alter von 52 Jahren (also oberflächlich betrachtet nach einer langen Zeit bzw. Lebensphase, in der man in der Regel entscheidende berufliche Schritte schon gegangen ist) sich selbst plötzlich einem so großen Druck aussetzt. Warum es dazu jetzt plötzlich kommt, macht mich neugierig:

- Hat er in den vergangenen 17 Jahren je daran gedacht, Karriere zu machen und aus dem Schatten seines Vorgesetzten herauszutreten?
- Kommt sein Wunsch nach Karriere jetzt nur aus dem äußeren Anlass, weil der alte Filialleiter in den Ruhestand geht?
- Hat er ihn jahrelang tatsächlich nur aufgrund seiner großen Loyalität unterdrückt?
- Wie war in der Vergangenheit und wie ist aktuell seine intrinsische Motivation zu weiteren Karriereschritten?
- Hat er überhaupt einmal an eine berufliche Veränderung gedacht (es hätte ja auch ein horizontale Veränderung sein können)?
- Welche Rolle spielt sein privates und welches sein berufliches Umfeld?
- Wie stellt er sich seine weitere Arbeit in dem Unternehmen vor, wenn er weiter ›nur‹ der stellvertretende Filialleiter bleiben sollte?
- Wie sieht in der Vorstellung von Herrn A. der schlimmste / der beste Verlauf der Anhörung und seiner folgenden Berufsjahre aus?

Ein Problem ist der hohe Zeitdruck – je nachdem, wie tief Herr A. bei einigen dieser Fragen einsteigen will, stößt man vielleicht Prozesse an, die ihn doch wieder behindern, bei der Anhörung gut präpariert zu sein. Deswegen ist hier eine sehr sorgfältige und offene Steuerung des Prozesses notwendig, Themen und Inhalte sollten ständig mit Herrn A. angeglichen werden.

Sollte es in der Kürze der Zeit nicht gelingen, die ›Alles oder nichts‹-Sichtweise zu lockern, kann eine Unterstützung für Herrn A. nach der Anhörung umso wichtiger werden.

1.3 Theoretischer Hintergrund

Karriereanker
(Kornelia Rappe-Giesecke)

Eine gute Theorie von Karriere hat Edgar Schein aus einer empirischen Langzeitstudie mit Absolventen der Managerausbildung des Massachusetts Institute of Technology in Boston entwickelt (1992). Er unterscheidet zwischen innerer und äußerer Karriere.

Äußere Karriere meint erstens den Aufstieg in der Hierarchie oder zweitens die durch das Überschreiten von Funktionsbereichen erworbenen Fähigkeiten und Fertigkeiten oder drittens Zentralität, das meint die Annäherung an das Zentrum von Macht und Einfluss im Unternehmen. Innere Karriere ist eine berufliche Entwicklung, die im Einklang mit dem Selbstkonzept steht. Das Selbstkonzept entsteht in den ersten Jahren der Berufstätigkeit und integriert drei Faktoren:

- Was sind meine Ziele?
- Was sind meine Werthaltungen?
- Welche Fähigkeiten und Fertigkeiten habe ich?

Schein hat in seiner Langzeitstudie an Managern herausgefunden, dass es acht solcher »Karriereanker« gibt.

- Fachliche/Technische Kompetenz
- Befähigung zum General Management
- Selbstständigkeit und Unabhängigkeit
- Sicherheit und Beständigkeit
- Unternehmerische Kreativität
- Dienst oder Hingabe an eine Idee oder Sache
- Totale Herausforderung
- Lebensstilintegration

Menschen werden in Entscheidungssituationen von ihrem Anker gesteuert, der sie immer wieder dahin zurückzieht, wo sie ›hingehören‹. Ihre Werte und Ziele sind den meisten Menschen nicht bewusst, sie sind ihnen so selbstverständlich, dass sie sie nicht formulieren könnten. Bemerkbar machen sie sich, wenn die Menschen gegen ihr Selbstkonzept handeln oder handeln müssen, weil z.B. äußere Karrierewege sie dazu bringen. Ich konnte im Coaching öfter beobachten, dass Menschen mit dem Karriereanker ›Fachliche Kompetenz‹ unglücklich wurden, wenn Sie durch einen Aufstieg hauptsächlich Führungsarbeit machen mussten und keine Möglichkeit mehr hatten, so umfassend fachlich zu arbeiten, wie sie es zuvor getan hatten. Dies kommt häufig bei Ingenieuren vor, die dann versuchen, direkt ins operative Geschäft ihrer Mitarbeiter einzugreifen. Dieses Verhalten wird meistens als Unfähigkeit zu delegieren bewertet, es drückt aber auch den tiefen Wunsch aus, sich durch fachlich und handwerklich gute Arbeit zu verwirklichen.

Man findet den Anker durch eine Kombination von Test und biographischem Interview, das auf Entscheidungssituationen fokussiert.

Paradoxien in der Bildung des Beratungssystems
(Kornelia Rappe-Giesecke)

Das ratsuchende oder auftraggebende System stellt meist selbst die Diagnose und die Indikation, was zur folgenden Paradoxien führt:

- Das Beratungssystem muss so konstruiert sein, dass es autonom genug ist, um eigene Strukturen und Abläufe zu entwikkeln. Es muss sich von den es umgebenden Systemen abgrenzen. Das Beratungssystem muss so mit den es umgebenden Systemen verbunden sein, dass Veränderungen in ihm auch Veränderungen in den umgebenden Systemen bewirken können.

- Ich brauche als BeraterIn einen klaren Auftrag, um ein angemessenes Beratungssystem konstruieren zu können und um im laufenden Prozess sowohl ziel- als auch prozessorientiert arbeiten zu können. Ich weiß, dass ohne Durchlaufen einer Diagnosephase die Formulierung des Auftrags, die Indikationsstellung und die Diagnose bereits Teil des Problems sind. Folge ich dem Auftrag, werde ich nur mehr vom selben produzieren und unser Beratungssystem wird keinen Erfolg haben.

- Bestehe ich auf einem klaren Auftrag und einem klaren Kontrakt, habe ich ihn zwar, nehme mir damit aber die Möglichkeit, mit Inszenierungen und Spiegelungen zu arbeiten. Je mehr Struktur und Klarheit ich produziere, umso stärker zerstöre ich dem ratsuchenden und auftraggebenden System jede Möglichkeit, Informationen durch unbewusstes Inszenieren in das Beratungssystem hineinzutragen. Spiegelungen und Inszenierungen sind das zentrale Erkenntnisinstrument selbstreflexiv arbeitender BeraterInnen.

- Ich bin als BeraterIn nur dann anschlussfähig an das System, wenn ich mich bis zu einem gewissen Grade von ihm instrumentalisieren lasse. Ich arbeite nur dann professionell, wenn ich einen außenstehenden Standpunkt bewahren kann. (Eine mögliche Lösung wäre es, sich zunächst verwickeln zu lassen, sich dann zu distanzieren und die aus der Distanz gewonnenen Beobachtungen dem System zur Verfügung zu stellen.) Beständige professionelle Abstinenz führt hier genauso wenig zu guter Kooperation wie beständiges Sich-einbinden-Lassen und Einfühlen: zuviel Distanz, die affektlos macht und zuviel Nähe, die bewusstlos macht.
- Die Beziehung zwischen BeraterInnen und Ratsuchenden bzw. Auftraggebern sind die zwischen gleichberechtigten Geschäftspartnern. Die Beziehung zwischen ihnen sind asymmetrisch, der Berater oder die Beraterin verfügt über Fähigkeiten, die dem ratsuchenden oder auftraggebenden System verloren gegangen sind. Der Berater oder die Beraterin kennt die manifesten oder latenten Programme des ratsuchenden und auftraggebenden Systems nicht.
- Teilt man die Auffassung, dass Berater sich auf die Dauer überflüssig machen sollten, Beratung also ressourcenorientiert vorgehen sollte, so muss die Verantwortung für die Konstruktion des Beratungssystems und den Beratungsprozess von Anfang an zwischen beiden geteilt werden. Das ratsuchende und auftraggebende System kann diese Verantwortung nicht wahrnehmen, da es das professionelle Wissen des Beratersystems nicht hat, z.B. nicht weiß, wie Beratungssysteme konstruiert werden müssen, damit ein bestimmtes Ziel erreicht werden kann.
- BeraterInnen sind ExpertInnen für die Schaffung von Rahmenbedingungen und die Anwendung von Verfahren zur Wiedererlangung von Selbstregulationsfähigkeit von Organisationen, Professionen und Personen. BeraterInnen sind keine ExpertInnen für das fachliche Know how zur Steuerung einer bestimmten Organisation oder für die Arbeit mit bestimmten KlientInnen. Es wird von ihnen oft erwartet, dass sie ihr Wissen zur Verfügung stellen, um hier erfolgreicher zu sein.
- Auftraggebende und ratsuchende Systeme definieren die Beziehung häufig als Experte-Laie-Beratung oder als Arzt-Patient-Beziehung. BeraterInnen verstehen sich als ProzessbegleiterInnen, die weder Diagnosen noch Lösungen produzieren.
- Ratsuchende Systeme, die überorganisiert und überstrukturiert sind, fordern in der Regel eine ebenso durchstrukturierte Bera-

tung. Hier muss ein System gebildet werden, das Strukturzerfall, also Chaos hervorbringen kann, aus dem dann andere Strukturen entstehen können. Minimal strukturierte Systeme wollen minimal strukturierte Beratungssysteme, in denen Selbstreflexion und Strukturverfall vorherrschen. Hier müssen die Beratungssysteme so konstruiert sein, dass Zielorientierung und Strukturklarheit vorherrschen. Das BeraterInnen-System wird dies jedoch in der Regel nicht allein durchsetzen können.

- Ein Berater darf von keinem einzigen Auftrag wirklich emotional oder ökonomisch abhängig sein. BeraterInnen brauchen Aufträge, um ihren Lebensunterhalt zu sichern. (Weigand 1998, 33; Rappe-Giesecke 1999, 10-11)

Beratungskonzepte, welche die Paradoxien aufnehmen, können im zeitlichen Nacheinander beides tun:
- Autonomie und Anschluss schaffen,
- Strukturen setzen und Raum für Inszenierungen lassen,
- die Verantwortung teilen und die Verantwortung behalten,
- dem Prozess folgen und den Prozess steuern,
- ExpertIn sein und gleichzeitig Nicht-ExpertIn sein.

Zieldivergenz
(Christine Kaul)

Eine spannende Frage ist es hin und wieder, wer nun eigentlich ›Recht‹ hat bei der Definition dessen, was der Coachingkunde im Coaching erreichen sollte: In der ersten gemeinsamen Besprechung mit dem Kunden stellt sich möglicherweise die Situation ein, dass den Coach Zweifel an der Sinnhaftigkeit bzw. Nützlichkeit der Zielvorstellungen des Kunden beschleichen. Solche Zweifel äußern sich häufig in Form von »Eigentlich sollte er…«-Gedanken beim Coach. Um ein Beispiel zu konstruieren:

Der Kunde möchte sein als überstark empfundenes Lampenfieber vor öffentlichen Auftritten bearbeiten. Dem Coach fällt auf, dass der Kunde immer wieder ein Gefälle in der Kommunikation herstellt und dabei einen deutlich arroganten Eindruck erweckt. »Möglicherweise«, so denkt der Coach, »hat das eine ja durchaus mit dem anderen zu tun. In jedem Fall sollte der Kunde *eigentlich* überprüfen, welche innere Haltung er mit seinem arrogant wirkenden Gehabe ausdrückt.« Arbeiten wir Coaches nun an der Arroganz oder am Lampenfieber?

Es gibt mindestens vier Möglichkeiten hierauf zu reagieren:
1. mit dem Kunden sprechen, transparent machen, im Konsens zu einer neuen Zielvereinbarung kommen
2. wenn dies nicht möglich ist: das Coaching abbrechen
3. die Ziele des Kunden verfolgen, die »Eigentlich-Überlegungen« ad acta legen (Der Kunde hat immer Recht!)
4. stillschweigend die »eigentlichen« Ziele verfolgen (das ist nicht nur ein professioneller Fehler, das ist Entmündigung des Kunden)

Wie die Darstellung der vier Möglichkeiten schon deutlich macht: Es gibt keinen vernünftigeren, professionelleren Weg als die ersten zwei dargestellten.

Natürlich sind ›elegante‹ Lösungen möglich: Erst am Lampenfieber arbeiten, mit Fortschritt des Coachings zum Thema Überheblichkeit, intendierte Wirkung vs. erzielte Wirkung etc. kommen. Dies ändert allerdings nichts an der grundsätzlichen professionellen Haltung, die nötig ist:

Coach und Kunde sind beide Experten verschiedener Facetten der Coachingthemas. Lösungen können nur aus einem einvernehmlichen gemeinsamen Prozess entstehen. Der Coach handelt konsequent so, dass der Gesprächspartner die Verantwortung für sich selbst wahrnehmen kann.

2. GOLDSTRESS

2.1 Der Fall (Reinhard Billmeier)

Im September 2002 meldet sich ein befreundeter, interner Coach des internationalen Maschinenbauunternehmens Goldstress mit der Nachricht, er habe mich an einen Manager empfohlen, mit dem er schon einige Zeit gearbeitet habe. Inzwischen würde er den Klienten aber gerne abgeben, da er der Meinung sei, dieser bräuchte mehr Konfrontation, als er selbst aufbringen könnte: Er habe ihn inzwischen zu sehr ins Herz geschlossen und sei diesem gegenüber wohl zu unkritisch.

Besagter Herr B., 40 Jahre, seit zwölf Jahren im Unternehmen, meldet sich dann nach einigen Tagen bei mir. Im ersten Gespräch spricht er vor allem über die zu hohe Arbeitsbelastung und den Druck, dem er sich in seiner neuen Position (seit ca. drei Monaten) durch seinen (Noch-) Chef Herrn Z. ausgesetzt sieht.

Es geht um eine Position im oberen Management der Forschung von Goldstress, wo Herr B. 15 hochqualifizierte Mitarbeiter zu führen hat – in einem klassischen Kernkompetenzfeld des Unternehmens. Herr Z. wird in einem Jahr aus Altersgründen das Unternehmen verlassen und hat Herrn B., den er aus früherer Zusammenarbeit kennt, in Absprache mit dem zuständigen Vorstand zu seinem Nachfolger berufen. Herr B. bekommt diese Position wegen seines äußerst guten Rufs, den er einem mehrjährigen Projekt zu verdanken hat, bei dem er als Projektleiter eine revolutionäre neue Produktionstechnologie zu implementieren hatte, die mit hoher Aufmerksamkeit des Vorstands einen Meilenstein in der Technologieentwicklung für das Unternehmen bedeutete.

Herr B. klagt darüber, dass er nicht mehr gut schlafen könne, weil er nicht mehr wisse, was er als erstes zu tun habe. Herr Z. führe ihn wie ein kleines Kind, er habe den starken Verdacht, dass seine eigene Priorisierung der seines Chefs zum Teil widerspräche, er könne sich doch aber – als dessen Nachfolger – nicht dauernd von diesem die Vorgaben aufdrücken lassen. Zudem sei ein Teil der Mitarbeiter auch schon ungeduldig, weil sie keine klare Orientierung mehr hätten: Er, als der neue Chef, äußere sich zuwenig dazu, was er von ihnen erwarte usw.

Herr B. macht auf mich einen sehr freundlichen und gutmütigen bis fast unterwürfigen Eindruck. Er wünscht sich Hilfe dabei, aus dieser Stresssituation herauszukommen.

2.2 Kommentare

Kornelia Rappe-Giesecke

In der Fallbearbeitung durch unsere Gruppe gab es deutliche Spiegelungen des Falls in der Gruppe, z.b. wechselnde Identifizierungen mit Personen des erzählten Geschehens (s.u. Theoriekarte ›Spiegelung‹). Ich möchte die Phasen dieser Fallbearbeitung zunächst nachzeichnen, weil sie interessantes Material zum Verstehen des Falls liefern.

Die erste Frage, die mich beschäftigte, war, womit der interne Coach Herrn B. nicht konfrontieren konnte. Eine ›Überweisung‹ hat immer eine Bedeutung für das folgende Coaching: Was ist der verdeckte oder offene Auftrag, den der Kollege an mich hat? Warum und wofür hält er mich geeignet? Es geht nicht um Ablehnung oder Annahme eines solchen Auftrags, sondern um die ›Analyse der Nachfrage‹. Es muss sich um irgendetwas Heikles handeln, das der Coach vermeiden möchte, denn Herr B. wird als nett und sympathisch geschildert. Ich vermutete hinter der ›Überweisung‹ die Angst des Coachs ihn zu verletzen und die Hoffnung, dass der neue Coach eine Konfrontation besser hinbekomme, warum auch immer.

Aus der Aussage des Falleinbringers, Herr B. verhalte sich dem neuen Coach gegenüber nahezu unterwürfig, und aus den Schilderungen des Anlasses für das Coaching entwickelte sich bei mir die Hypothese, dass es psychodynamisch um das Thema Verachtung geht: Er ist nett, brav, setzt sich nicht durch, widerspricht nicht, setzt keine Prioritäten, auch er konfrontiert andere nicht, er enttäuscht als Führungskraft! Es waren süffisante, leicht abwertende Reaktion in unserer Gruppe zu spüren. Diese emotionale Position, die unsere Gruppe in dieser Phase einnahm, spiegelte die des Chefs, nehme ich an. Der Chef hat Herrn B. aufgrund seiner Erfolge in einem für die Firma wichtigen Projekt als seinen Nachfolger ausersehen, nun enttäuscht er auf ganzer Linie.

Die Identifikation kippte dann bei mir: Vielleicht will der Chef auch keinen guten Nachfolger, er lässt ihn nicht ›hochkommen‹. Er kontrolliert ihn, zitiert ihn unangemessen oft zum Rapport und hindert ihn daran eigene Prioritäten zu setzen und sich zu profilieren, indem er ihn beständig mit Aufträgen beschäftigt. Mir fielen mehrere Situationen aus Coachings ein, wo es ›mächtigen Männern‹ schwer gefallen ist zu gehen und eine für sie und den Betrieb gute Nachfolgeregelung zu treffen, den Abschied zu akzeptieren und den ›Stab zu übergeben‹. Ich ging also möglicherweise in die Position von Herrn B. und interpretierte das Verhalten des Chefs als persönlich motiviert. Meine Hypothese ist, dass diese beiden Seiten die Dynamik ihrer Beziehung beschreiben.

Woher kann die ›Ent-täuschung‹ auf Seiten des Chefs und sein Druck kommen? Gibt es neben der Psychodynamik des Generationswechsels noch andere Faktoren? Ich stelle Hypothesen zu den weiteren Emergenzniveaus des Falls her (s.u. Theoriekarte ›Emergenzniveaus‹).

Auf der Ebene der Organisation finde ich die Nachfolgeregelung nicht geglückt, ein Jahr lang einen Nachfolger einzuarbeiten, muss für alle Beteiligten eine Prüfung sein. Die MitarbeiterInnen bekommen Loyalitätskonflikte, ›der Neue‹ soll schon und darf doch nicht, ›der Alte‹ guckt zu, wie ›der Neue‹ es macht und vergleicht ihn mit sich.

Die Ebene der Profession: Herr B. ist Ingenieur. Das Projekt war vermutlich erfolgreich, weil er sein Expertenwissen einbringen konnte und eine gute Koordination der beteiligten Experten gewährleisten konnte. Der Anteil an Führungsaufgaben steigt mit der neuen Stelle und hier murren die Mitarbeiter, die er führt. Ingenieure lieben perfekte und ästhetische Lösungen von Problemen, am liebsten Lösungen in Form von Produkten ohne den ›Störfaktor‹ Mensch. Gelingt dies bei der Einführung einer neuen Produktionstechnologie noch, bei der Führung von Experten versagt diese Orientierung. Das alte Dilemma vom hervorragenden Fachmann und der versagenden Führungskraft?

Die Ebene der Macht: Das alte Projekt war ›hoch aufgehängt‹ und stand unter der Protektion des Vorstandes. Der Schutzmantel der Macht hielt vielleicht so manches ab. Jetzt gibt es keine Protektion mehr.

Die Ebene seiner inneren Psychodynamik: Wenn starke Autoritäten und Vaterfiguren Herrn B. schützen, kann er gut arbeiten. Wenn er allein steht, oder sogar von den Vaterfiguren geprüft wird, gerät er in Stress und seine Performance leidet.

Wie kann man vorgehen? Welche Ebene kann thematisiert werden? In einer solchen Anfangssituation im Coaching und unter Berücksichtigung der Problembeschreibung des Kunden – Druck und hohe Arbeitsbelastung – kann man als Coach einen Großteil dieses ›Datenmaterials‹ nur im eigenen ›Speicher‹ ablegen. Aufdeckend am Autoritätsthema zu arbeiten, wozu dieser Fall jeden psychologisch geschulten Berater einlädt, wäre dysfunktional, denn es destabilisiert den Kunden noch stärker. Herr B. bietet das Thema ›Vater-Sohn-Beziehungen‹ an und würde sicher auch ›brav‹ mitarbeiten, wenn man es als Coach fokussieren würde. Aber Coaching ist keine Therapie, der Fokus liegt auf der Funktion und der Rolle, nicht der Person. Die Person spielt nur insofern hinein, als sie die Gestaltung der Rolle befördert oder behindern kann. Auf dem Emergenzniveau der Persönlichkeit des Coachee mit einer spezifischen persönlichen und beruflichen Biographie beginne ich keine Beratung. Ich habe allerdings auch noch kein Coaching erlebt, in dem es nicht im Laufe der Zeit Thema wurde. Es ist eine richtungweisende Intervention am Anfang nötig, die klar machen muss, woran im Coaching gearbeitet werden kann. Eine Intervention, welche die Psychodynamik der Beziehung zum Chef fokussiert, gibt ein falsches Signal.

Es gibt zwei Varianten. Zunächst könnte man, um ein gutes Arbeitsbündnis herzustellen, eher Ich-stärkend und stützend daran arbeiten, wie er seinen Alltag besser bewältigen kann: Prioritätensetzungen vornehmen, den Stress genauer lokalisieren: Was sind auslösende Situationen, wo sitzt der Stress im Körper? etc. Man könnte eher verhaltenstherapeutisch nach Lösungen suchen: Wie kann ich mich verhalten, wenn mein Chef mich zum Rapport ruft?

Die andere Variante ist, dem ›Auftrag‹ des Kollegen zu folgen und an einer Stelle, an der schon ein tragfähiger Kontakt da ist, zu konfrontieren. Passen Sie auf diese Stelle? Wollen Sie auf diese Stelle?

Welche Variante ich wähle, hängt von meinem Kontakt zum Kunden ab und davon, für welche er mir bereit zu sein scheint. »Kunden sind robust«, sagt Wolfgang Looss (mündliche Mitteilung). Interventionen, die wir selbst oft für heikel halten, werden nicht bemerkt oder übergangen, sie »verfallen der Abwehr«, wenn die Zeit noch nicht reif dafür ist. Der Kunde reguliert die Richtung und die Tiefe der Intervention mit.

Zu einem späteren Zeitpunkt würde ich an passender Stelle Hypothesen, die ich im Erstgespräch entwickelt und zunächst nur abgespeichert, aber nicht im Gespräch verwendet habe, als Steuerungsinstrument einsetzen, um so viele Emergenzniveaus des Problems bearbeiten zu können, wie sie mir und dem Kunden für die Erfassung seines Problems relevant erscheinen.

Matthias Lauterbach

Der Zuweisungskontext und der von dem befreundeten internen Coach gegebene ›Auftrag‹ scheinen mir bedeutsam: Man müsse Herrn B. mehr konfrontieren. Wenn dann später Herr B. selbst in dem Gespräch den Eindruck wiedergibt, sich von seinem Chef unter Druck gesetzt zu fühlen (»wie ein kleines Kind«), stellen sich einige Fragen:

- Wer will Herrn B. zu welchen Verhaltensweisen und Einstellungen bringen?
- Wer traut ihm was zu und was nicht zu?
- Was will er eigentlich selbst?
- Wie erzeugt er den Eindruck, dass ihm ›aufs Pferd‹ geholfen werden muss?

Folgende Themenfelder wären mir wichtig zu beachten:

Nachfolgeregelung: Herr B. ist offenbar als Nachfolger seines Chefs bestimmt und das ist auch offiziell kommuniziert. Herr B. ist also für alle wahrnehmbar der Nachfolger. Alles, was er tut, wird zukünftig unter dieser Perspektive bewertet. Er muss deshalb einen für alle transparenten Handlungs- und Entscheidungsspielraum haben und auch ausfüllen. Da der Übergang jetzt ein Jahr dauert, muss dieser Prozess für alle Beteiligten verbindlich geregelt und ebenfalls transparent sein. Herr Z. wäre nicht die erste Führungskraft, die zu lange an den gewohnten, von ihm entwickelten Abläufen klebt. Andererseits besteht auch das Risiko, dass Herr B. die Arbeit von Herrn Z. durch seine Interventionen entwertet – also für die Beteiligten eine knifflige Situation, fast typisch für derartige Übergangssituationen. Aber was tut Herr B. zur Klärung und zur Gestaltung der Situation? Hier fehlt mir seine eigene Aktivität. Er scheint mir eher darauf zu warten, dass er die Führungsmacht übertragen bekommt.

Das alles nährt doch erste Zweifel an den diesbezüglichen Kompetenzen des Kunden, womit wir bei der Frage der Qualifizierung wären: Ein exzellenter Projektleiter ist nicht automatisch eine gute Führungskraft in der Linie. Was tut Herr B., was bietet das Unternehmen zur Vorbereitung auf die Führungstätigkeit? Hier sehe ich auch Grenzen des Coachings, das durch entsprechende Seminare, Trainings, Job Rotation etc. ergänzt werden muss.

Herr B. ist seit zwölf Jahren in dem Unternehmen, hat dort also im jungen Alter von 28 Jahren begonnen. Er ist durch ein mehrjähriges Projekt gebunden gewesen, in dem er als besonders talentiert auffiel und nun auf eine vakant werdende Führungsstelle gehoben wird. Seine beruflichen Erfahrungen scheinen zumindest bislang nicht sehr breit gewesen zu sein. Das klingt doch sehr nach einem ›familiären‹ Automatismus – man kennt sich halt.

Ich bringe den von Herrn B: empfundenen Stress also in Verbindung einerseits mit der ungeklärten Beziehungs- und Übergangssituation und mit einer (noch) fehlenden Qualifizierung für den Leitungsjob – die kurze

Schilderung des Kunden durch seinen Coach als gutmütig, fast unterwürfig sprechen ebenfalls dafür.

Die Konfrontation im Coaching bestünde also in einer kritischen Reflexion der Führungsqualitäten, insbesondere der persönlichen und sozialen Qualitäten von Herrn B. Hier wäre ggf. die Rückmeldung des Coachs an den Kunden erforderlich, wo er die deutlichsten Lücken sieht. Möglichkeiten einer weiteren Entwicklung wären ebenfalls zu erarbeiten. Ich würde auch verstehen wollen, welche Bedeutung die Entwicklung für die Lebens- und Karriereplanung von Herrn B. hat, was er zu investieren und zu riskieren bereit ist. Stress ist ja oft ein gutes Zeichen, wenn man auf einem (noch) nicht passenden Weg ist.

Das Risiko dieses Coachings besteht darin, ein Muster zu wiederholen, das sich hier andeutet: Herrn B. zu etwas zu bringen (›den Hund zum Jagen tragen‹) – durch Konfrontation, Druck etc. Das würde das Scheitern von Herrn B. als Führungskraft eher wahrscheinlicher machen.

Michael Kramer

Stress ist in diesem Fall ein gesundes Symptom, das auf ganz reale Themen und kritische Entwicklungspotenziale hinweist. Herr B. hat etwas zu verlieren, er ist gerade dabei etwas zu verlieren: seinen guten Ruf und einen Job, in dem er erfolgreich und befriedigend arbeiten kann.

Wie hat er es wohl geschafft, seinen bisherigen Coach lahm zu legen? Eine Frage, die für den neuen Coach von Bedeutung sein kann. Könnte es nicht sein, dass sich ein Phänomen aus der beruflichen Problematik des Kunden in der Coachingsituation abbildet? (Vom Vorgänger erteilte ›Aufträge‹. Dieser ist noch da, obwohl ich nun seinen Job habe.)

Der Fall bietet mehrere Arbeitsebenen, jede mit anderem Zeithorizont und Interventionsnotwendigkeiten:

- Beziehungsthema: Alter - Neuer Chef (Coach); Abgrenzung; Ziele; wie den Übergang bewusst managen?
- Führungsthema: Umgang mit den neuen Aufgaben; Aufgabenzuschnitt; Autorität und Rituale
- Personenebene: Stärken - Schwächen; wo sind seine Grenzen?
- Organisationsebene: Wieso wurde er ausgewählt? Wieso ein Jahr Übergang?

Der von dem Kunden empfundene Stress bildet die unterschiedlichen Ebenen ab. Der Stress deutet eine reale Überforderung an und zeigt ein kaum zu bewältigendes, durch Missmanagement geschaffenes Dilemma auf. Die Stresssymptomatik ist ein guter Einstieg in die jeweilige Thematik und deren Problemlösungshorizonte.

Das Beziehungsthema:

Die Übergabesituation zwischen den Coaches könnte hier Symbol- und Vorbildcharakter haben. Wie ›sauber‹ wird dieser Prozess abgewickelt? Die Fähigkeit zu konfrontieren, die der erste Coach verloren zu haben glaubt, ist ja nicht nur eine wichtige Fähigkeit des Coachs, sondern ganz offensichtlich zur Problemlösung in der Situation mit dem alten Chef eine für den Kunden notwendige Fähigkeit.

Für den Coachingprozess könnte dies heißen, den Kunden dahingehend zu unterstützen, den Konflikt aus der eigenen Person heraus (Stress und Krankheit) zu verlagern und einen Konflikt (nicht Krieg) mit seinem Vorgänger zu wagen. Die Klagen der Mitarbeiter sind gute Hinweise, dass es hier Gelegenheit gibt besser zu werden. Diese Klagen sind als Symptom genauso ernst zu nehmen wie die Stressthematik.

Das Führungsthema:

Als guter Projektleiter und als erfolgreicher Projektabwickler ist man/frau noch lange nicht für Aufgaben im Topmanagement qualifiziert. Dort verschiebt sich das Anforderungsprofil eindeutig von der operativen Ebene auf die Kommunikationsebene. Hier scheinen nicht gerade die Stärken des Kunden zu liegen.

Eine Stärken-Schwächen-Analyse könnte die Grundlage dafür sein herauszufinden, ob der neue Posten überhaupt der passende ist und wenn ja, in welchen Bereichen eine Nachqualifikation stattfinden muss. Dabei wird gemeinsam zwischen Kunde und Coach festzustellen sein, welcher Teil der Nachqualifikation im Coaching geleistet werden kann und in welchem zeitlichen Rahmen.

Bei den hierbei zu besprechenden Themen gibt es eine erhebliche Schnittmenge zu dem die Person des Kunden betreffenden Bereich:

- Weiß der Kunde, was die neue Rolle (und speziell in diesem Unternehmen) mit sich bringt?
- Will er das, kann er das und hat er eine Strategie die Rolle auszufüllen?
- Was sind seine Stärken und Schwächen, passt seine Struktur zu der neuen Aufgabe in dieser speziellen Kultur?

Das Organisationsthema:

- Wie wird die Übergabe und der Wandel (Neudeutsch: Changeprozess) gestaltet?
- Wieso wurde er ausgewählt und hat er Ahnung von Changemanagement?
- Kann er auf diesen Prozess Einfluss nehmen und wenn ja wie?

Nach der Auffaltung der Themen und ihrer Vernetzung würde ich gemeinsam mit dem Kunden festlegen, wo wir beginnen. Es bietet sich an auf der Ebene der Führungsfähigkeiten/Fertigkeiten und der strategischen Verhaltensebene zu starten (Erwartungsspinne der Stakeholder, Positionierung usw.). Die eher psychodynamischen Themen müssen, um erfolgreich bearbeitet werden zu können, durch mehr oder weniger tiefe Täler führen und erfordern eine schon stabile Beziehung zum Coach sowie einen längerfristigen Zeithorizont.

Sebastian Krapoth

Im Anschluss an die Schilderung des Falles war an den Reaktionen innerhalb unserer Gruppe auf der einen Seite sehr auffällig, dass uns allen die beschriebene etwas unterwürfige Art des Klienten unangenehm war und eher negative Gefühle in uns auslöste. Auch wir zweifelten schon an seinen Fähigkeiten, den Anforderungen seines Jobs gerecht werden zu können.

Auf der anderen Seite wurde Herr B. als außerordentlich sympathisch beschrieben, sowohl vom Fallgeber als auch von dem internen Coach – ein Kunde, bei dem es einem schwer falle zu konfrontieren, den der interne Coach sogar schon »zu sehr ins Herz geschlossen« hatte.

Bei unseren Diskussionen über ein mögliches Vorgehen war interessant zu sehen, dass erst mal keiner von uns Herrn B. wirklich konfrontieren wollte. Diese ambivalente Haltung Herrn B. gegenüber ist auffällig und zumindest kann man die Hypothese haben, dass es im beruflichen Umfeld ähnliche Beziehungskonstellationen gibt. Diese Hypothese sollte zunächst aber im Hinterkopf behalten werden, und als Coach muss man hier m.E. sehr aufpassen, nicht in eine mögliche Falle zu tappen (wie evtl. der interne Coach), hat aber die Chance, durch die Entwicklung der eigenen Beziehung zum Klienten wichtige diagnostische Hinweise zu bekommen. Meine Irritation bezüglich der Person des Herrn B. hat sich jedenfalls nach wie vor nicht gelegt – sollte es im Echtfall auch so sein, müsste sie auf jeden Fall thematisiert werden.

Und – sollte sich im Verhalten seitens Herrn B. Unterwürfigkeit dauerhaft zeigen, würde ich Herrn B. damit stärker konfrontieren, als wir uns zunächst getraut hatten.

Ansonsten sollte man aus meiner Sicht aber zunächst versuchen, die unterschiedlichen Situationen, die Herr B. als belastend und überfordernd erlebt, zu sortieren und zu strukturieren. Ein sehr wichtiger Punkt betrifft sicherlich das Verhältnis zu seinem Chef. Hier handelt es sich offenbar um eine aus verschiedenen Gründen recht schwierige Beziehungskonstellation, bei der wieder das etwas irritierende Verhalten von Herrn B. auffällt (er will immer genau wissen, was der Chef denkt) und man sich ausgehend von der o.a. Hypothese auch vorstellen kann, dass der Chef nachvollziehbare Gründe für sein Verhalten – oder besser seine Haltung – Herrn B. gegenüber hat.

Gleichermaßen könnte aber auch der Chef, der aus Altersgründen ausscheiden wird, einen erheblichen Anteil an den Schwierigkeiten haben (spielen etwa Motive eine Rolle, dass er vielleicht gar nicht will, dass Herr B. die Aufgabe überzeugend ausfüllt? Hat er extra einen eher schwachen Nachfolger ausgesucht?).

Gemeinsam mit Herrn B. wären die stressauslösenden Situationen genau zu analysieren. Es könnten Strategien entwickelt werden, wie er in spezifischen Situationen besser und angstfreier mit seinem Chef umgehen könnte, klarer kommuniziert und auch eigene Erwartungen oder Forderungen formuliert.

Eng damit zusammen hängen auch die Schwierigkeiten und Erwartungen, die seitens der Mitarbeiter geäußert werden. Herr B. scheint mir auch hier klarer und deutlicher sein zu müssen (er würde jetzt vielleicht entgegnen, dass man ihn nicht lässt – aber da würde ich von ihm in einer Führungsfunktion doch eine aktivere Rolle erwarten, eben auch seinem eigenen Vorgesetzten gegenüber).

Natürlich ist die Situation nicht gerade ideal, zwar schon als neuer Vorgesetzter anwesend zu sein, aber doch noch nicht wirklich die entsprechenden Befugnisse zu haben – weder für ihn noch für seine zukünftigen Mitarbeiter. Hier aber dem Unternehmen Vorwürfe zu machen (vielleicht ja zu Recht, andererseits könnte die ausgiebige Einarbeitung auch als Vorteil gesehen werden, wenn die Rollen allen Beteiligten gleichermaßen klar und einsichtig sind), bringt ihm nichts. Er sollte in diesem Punkt vor allem gemeinsam mit seinem Chef und vielleicht auch den Mitarbeitern nach einer klaren Lösung suchen, wie sie die Monate vor der endgültigen Übergabe gestalten wollen. Ihn darin zu unterstützen, ist aus meiner Sicht ein Schwerpunkt in diesem Coachingprozess.

Die Titelwahl des Fallgebers macht mich schon sehr neugierig – wie sind Sie auf das Unternehmenspseudonym gekommen? Ich würde die Stresssituation des Kunden zunächst sehr rational angehen über das Konzept der sozialen Rolle. Im Gegensatz zur Vorstellung, ›Rolle‹ sei überwiegend in der Definitionsmacht des Rolleninhabers, sagt das Rollenmodell:

Rolle ist das Gesamt der Verhaltenserwartungen an eine Person. Dieses ›Rollenkorsett‹ kann Spielräume bieten, wenn die Erwartungsträger eher die Haltung einnehmen »Schaun 'mer mal«. Es kann aber auch extrem eng sein und zwicken wie im vorliegenden Fall. Nichts ist kränkender (im Wortsinn) als sozialer Stress.

Mit dem Kunden wäre also daran zu arbeiten, was er denkt, was die anderen denken, welche Performance, Verhaltenweisen, Denkhaltung er zeigen soll. Inwieweit diese vielen Erwartungen harmonieren oder in Konflikt stehen. Inwieweit er sich in der Lage sieht, Rollenerwartungen gerecht zu werden. An welchen Stellen er die Rollenerwartung nicht erfüllen will, kann. Wie er letzteres im Verhalten demonstrieren bzw. kommunizieren will. Welche Reaktionen er hierauf erwarten muss, kann. Welche Koalitionspartner es geben könnte – außer seinem Coach –, die ihn unterstützen in seiner Vorstellung der Rollenausgestaltung? Es sieht im vorliegenden Fall allerdings so aus, als gäbe es eine solche Person weit und breit nicht …(?)

Der Satz »Herr B. macht auf mich einen sehr freundlichen, gutmütigen bis fast unterwürfigen Eindruck« lässt mich vermuten, dass Herr B. gewohnt ist, sich den vermuteten Rollenerwartungen der anderen im vorauseilendem Gehorsam zu unterwerfen. Das geht solange gut, wie derjenige, der die schmerzhaftesten Sanktionen austeilen kann, auch derjenige ist, der den Erfolg meiner Bemühungen bewertet. Das war in der früheren Projektarbeit der Fall. Jetzt ist das nicht mehr ganz so: Zwar ist Herr Z. im Moment noch anscheinend derjenige mit der größten Bestrafungsmacht, aber nicht mehr lange! Und es gibt weitere machtvolle Erwartungsträger im Umfeld. Eine solche Rollenanalyse kann mindestens drei Ausgänge haben:

1. Herr B. macht so weiter wie bisher und wird irgendwann krank.
2. Herr B. kann sich eine Rollenvorlage erarbeiten, die ihn stärkt.
3. Herr B. verlässt das Konfliktfeld.

Für 2. und 3. kann ein Coach eine große Unterstützung sein.

Das ist eine sehr rationale Herangehensweise, die insbesondere von Ingenieuren, Technikern etc. als leicht zugänglich erlebt wird und wenig Widerstand erzeugt. Ich vermute also, dass sich der Kunde gerne auf ein solches Coachingdesign einlässt, wenn ich es ihm nach unserem ersten Gespräch vorschlage. Allerdings glaube ich, dass mit einer Rollenanalyse noch nicht alles gesagt und getan ist, was nötig ist, um dem Kunden wirklich Unterstützung zu geben. Herauszufinden wäre also, ob er sich auch auf eine intensivere Beschäftigung mit der eigenen Person einlassen könnte.

Die mündliche wie auch die schriftliche Falldarstellung geben mir eine Ahnung von einer solchen Anhänglichkeit, Abhängigkeit, Bedürftigkeit, dass es mir fast die Luft nimmt. Andererseits verspüre ich eine Gereiztheit, dass ich geneigt wäre, dem Kunden zu sagen, er solle sich jetzt, verdammt noch mal, zusammenreißen.

Diese Ambivalenz lässt nur einen Schluss zu: Ich wäre wohl nicht der richtige Coach, der den Ich-näheren, intensiveren emotionalen Coachingprozess mit dem Kunden durchleiden sollte. Vielleicht würde ich den Fallgeber bitten, mir den Kunden abzunehmen.

2.3 Theoretischer Hintergrund

Emergenzniveaus
(Kornelia Rappe-Giesecke)

In der folgenden Passage ist der Begriff Supervision durch Coaching ohne Sinnentstellung ersetzbar:

»Wenn Professionals in der Supervision Probleme aus ihrem beruflichen Alltag einbringen, dann muss eine personenbezogene Beratung in der Lage sein, die verschiedenen Relevanzsysteme dieser Professionals, die ihr berufliches Handeln beeinflussen, zu erkennen und zu analysieren.

Dazu brauche ich die Idee der Emergenzniveaus. [...] Definition:

Emergenz meint, ein Phänomen ist nicht so wie es ist, sondern es erscheint, es emergiert anders, je nachdem von welchem Standpunkt aus und mit welcher Perspektive, man könnte metaphorisch sagen: mit welcher Brille ich darauf schaue.

In meiner Supervisionspraxis wende ich [...] Theorien des Individuums, der Gruppe, der Organisation als ›Brillen‹ d.h. als mögliche

Perspektiven auf die Phänomene an. Zunächst folge ich den SupervisandInnen und setze mir ihre ›Lieblingsbrille‹ auf, dann biete ich nach und nach andere Brillen an. Eine Supervisionssitzung hat für mich eine hohe Ergebnisqualität, wenn es mir gelungen ist, möglichst viele unterschiedliche Perspektiven auf das Problem einzuführen und wenn die SupervisandInnen zusätzlich zur ›mitgebrachten‹ eine oder mehrere ›Brillen‹ probeweise aufgesetzt haben. Etwas weniger metaphorisch formuliert:

Gute Supervision zeichnet sich durch den organisierten Wechsel zwischen den Emergenzniveaus eines Problems aus. Supervision hat die Aufgabe Perspektiven, die die SupervisandInnen nicht mehr einnehmen können, einzuführen und zunächst die Komplexität des Problems zu erhöhen, ehe man sich zu einer begründeten Reduktion der Komplexität entscheiden kann. Das hat zum Ziel, durch die Erhöhung der Komplexität zu Handlungsalternativen zu kommen, die die SupervisandInnen freier und autonomer machen, und im zweiten Schritt sie durch die Reduktion der Komplexität wieder handlungsfähig zu machen.

Dieses ›Master Model‹ von Supervision ist nur mit gut in Supervisionsarbeit einsozialisierten Professionals und Teams zu verwirklichen. In verschiedenen Phasen des Prozesses, bei verschiedenen Personen und in bestimmten Organisationstypen oder Kulturen werden bestimmte Emergenzniveaus nicht oder nur schwer zu bearbeiten sein.

Supervision hat sich im Laufe der letzten zwanzig Jahre verschiedene ›Brillen‹ zugelegt, um Personen, Gruppen und Organisationen unterschiedlich betrachten zu können. Auch wenn unser ›Gegenstand‹ die Professionals sind, so reicht doch eine Theorie des Individuums nicht aus, um alle Phänomene zu erklären, über die sie in der Supervision berichten. Sie selbst emergieren auf unterschiedlichen Ebenen in der Supervision und ich muss als Supervisorin wissen, welche Selbsttypisierung sie gerade haben, dass heißt von welchem Standpunkt aus mit welcher Perspektive sie auf das Problem schauen. Dann kann ich im zweiten Schritt darauf schließen, auf welchem Emergenzniveau sie das Problem ansiedeln.

Emergenzniveaus von Professionals in der Supervision
- Person (psychisches System)
- Körper (biophysisches System)
- Angehörige/r einer Profession mit entsprechender beruflicher Sozialisation, d.h. Kompetenzen, Werten und Haltungen
- Professional mit bestimmter Berufsbiographie
- Teil von Professional-Client-Systemen

- TrägerIn einer Funktion in der Organisation und InhaberIn einer Rolle (Schnittstelle von Person und Funktion: Erwartungen der anderen und eigene)
- Teil des Subsystems einer Organisation (formelles System, z.B. Team oder Abteilung)
- Teil des informellen Systems einer Organisation (Machtsystem, kulturelles, gruppendynamisches)
- Teil des Beratungssystems

Alle diese Ebenen existieren gleichzeitig nebeneinander, ich kann sie aber nur selektiv und nacheinander bearbeiten. Neben der Fähigkeit, diese Ebenen zu erkennen und eigene oder fremde Selektionen zu bemerken, brauchen SupervisorInnen Wissen über Individualpsychologie, Psychosomatik, Professionstheorie, Berufsbiographien, die Dynamik von Professional-Client-Beziehungen (unterschieden nach der jeweils kliententypischen Dynamik), Wissen über Rollen, über Ablauf- und Aufbauorganisation, über die formelle und die informelle Dimension von Organisationen und über die Dynamik in Beratungssystemen wie z.B. Supervision, um sich und anderen die Struktur und Dynamik der Probleme verstehen zu können.«

(Rappe-Giesecke 2003, 13-14)

Rolle

(Christine Kaul)

»Rolle ist das Gesamt der Verhaltenserwartungen an eine Person.«

Immer wieder lässt sich feststellen, dass Coachingkunden selbstverständlich davon ausgehen, dass sie mit der Übernahme einer bestimmten neuen Funktion in einem Unternehmen zugleich auch die Rolle übernommen haben: »Wenn ich die Funktion eines Abteilungsleiter übernehme, dann habe ich auch diese Rolle.« Die Gleichsetzung von Funktion und Rolle führt dann in der Folge häufig in erhebliche Orientierungsschwierigkeiten und ins Coaching.
    Die oben zitierte Definition fokussiert aber die Person, nicht die Funktion. Das bedeutet, dass sich die Rolle auch wesentlich ergibt aus dem Individuum, das die Funktion übernimmt. Von genau diesem Amtsinhaber erwartet das Umfeld ganz spezifisches Verhalten, das nur eingeschränkt deckungsgleich mit den Verhaltenserwartun-

gen an z.B. seinen Vorgänger ist. Dieser Vorgänger ist im Übrigen häufig mitverantwortlich für die Verhaltenserwartungen; dass der ›Neue‹ ›anders‹ sein möge oder genau wie der ›Alte‹, sind häufig inständige Hoffnungen des Umfelds.

Der Begriff Rolle ist nicht umsonst eine Analogiebildung aus der Theaterwelt. Der Schauspieler in der Rolle des Hamlet hat zu einem bestimmten Zeitpunkt eine bestimmte Äußerung zu tun, das erwarten die anderen Schauspieler, das Publikum, der Regisseur usw. Die (beschränkte) Freiheit des Schauspielers liegt darin, wie er es sagen wird. Die Verhaltensfreiheit des Abteilungsleiters in seiner neuen Rolle ist ungleich größer als die des Schauspielers, glücklicherweise.

Für Coachings, deren Thema der Übergang von einer Funktion in eine andere ist, ist das Bearbeiten der ›Rolle‹ essentiell. Die grafische Darstellung der unterschiedlichen Verhaltenserwartungen an den neuen Funktionsinhaber lassen den Kunden schnell resigniert seufzen: »Aber das geht doch gar nicht«; zu divergent sind in der Regel die Erwartungen der *stakeholder*: Mitarbeiter, Vorgesetzte, Betriebsrat, Unternehmensleitung, interne und externe Kunden und Lieferanten, Personalwesen, Hierarchiekollegen, … und dann gibt's ja auch noch die eigene Familie.

»Heute, in postmoderner Zeit, sind multiple Identitäten bei weitem nicht mehr so marginal. Eine weit größere Zahl von Menschen erleben Identität als ein Repertoire von Rollen, die sich mischen und anpassen lassen und über deren verschiedene Anforderungen verhandelt werden muss. Viele Sozialwissenschaftler und Psychologen haben versucht, die neue Identitätserfahrung theoretisch zu erfassen. Proteisch nennt sie Robert Jay Liften, während Kenneth Gergen die Vervielfältigung der Masken als übersättigtes Selbst bezeichnet. Für Emily Martin ist das flexible Selbst eine moderne Eigenschaft von Organismen, Personen und Organisationen.«

(Sherry Turkle 1995, 289)

Spiegelungsphänomene
(Kornelia Rappe-Giesecke)

In der Supervision hat man gelernt, das Phänomen der »Spiegelung des Falls in der Gruppe« systematisch zu nutzen (Rappe-Giesecke 2003, 22f.).

Wenn ein Falleinbringer eine Erzählung über seine Arbeit mit Kunden oder Klienten in der Supervision abliefert, stellt sich in den Zuhörern eine Resonanz auf die geschilderten Personen und deren Beziehung ein. Es entstehen Gefühle, Körperempfindungen, Impulse, Assoziationen oder Bilder in den Zuhörern. Die Gruppenmitglieder interagieren auf diesem Hintergrund miteinander, es entwickeln sich zwischen ihnen z.B. Irritationen, Streit, wortlose Übereinstimmung, ihre Beziehungen gestalten sich in einer einmaligen, durch den Fall bedingten Weise. Diese Resonanzen sind nicht zufällig und auch nicht willkürlich, sondern ein unbewusst ablaufender Prozess der Informationsverarbeitung, der im nächsten Schritt der bewussten Wahrnehmung zugänglich gemacht werden sollte, um an die latente Ebene des Falls zu kommen.

Diese Resonanzen werden zu Daten und Informationen über den Fall, sie vervollständigen den Fall, der sprachlich begrifflich präsentiert wird durch die nicht sprachliche Ebene. Häufig sind es Emotionen oder Phantasien der Personen des Falls, die sie selbst nicht haben wahrnehmen können, welche die Mitglieder der Gruppe in Identifikation mit diesen Personen erleben und dann zur Verfügung stellen können. Diese Identifikationen sind ihnen zunächst meist nicht bewusst, manchmal spielen sie, ohne es selbst zu merken, deren ›Rolle‹ in der Supervision. Man redet nicht nur über den Fall, man spielt ihn auch – allerdings werden die Rollen anders als im Psychodrama oder im Rollenspiel nicht bewusst verteilt und gespielt, die Gruppenmitglieder identifizieren sich unbewusst.

In diesem Fall wechselte die Identifikation, die Psychodynamik der Beziehung zwischen Herrn B. und seinem Chef wurde in der Gruppe reinszeniert. Man kann Spiegelungen erst im Nachhinein reflexiv einholen, während des laufenden Geschehens sind sie für die Menschen selbst nicht wahrnehmbar, außer sie sind darin geschult, diese Phänomene zu erkennen (Phasen des Ablaufs der Arbeit mit Spiegelungen in: Rappe-Giesecke 2003, 145ff.).

Die Fähigkeit von Systemen sich ineinander spiegeln zu können ist eine allgemeine Eigenschaft von sozialen, psychischen und biologischen Systemen, die in der Beratung genutzt werden kann, um zusätzlich zur Erzählung Daten zu genieren, die zum Verstehen der Personen des erzählten Geschehens beitragen.

2.4 Wie es weiterging

Die Arbeit in dem etwa viermonatigen Coachingprozess konzentrierte sich zunächst auf praktische Möglichkeiten der Stressreduzierung, wie Priorisierung der Aufgaben, Einsatz hilfreicher Arbeitstechniken, Delegationsprinzipien, u.ä. Über die Weihnachtsfeiertage und einen damit verbundenen Urlaub erhielt der Klient die Aufgabe, sich einmal ganz grundsätzlich zu überlegen, wie viel Anstrengung ihm sein beruflicher Aufstieg wert sei.

Während dieses Urlaubs passierte ein für mich einmaliger Vorgang: Sein Vorstand, den ich nicht persönlich kannte, wollte telefonisch von mir wissen, »wie er sich denn mache« und welche Prognosen ich für seine Entwicklung hätte. Ich war zunächst sprachlos, brachte dann meine Kritik an diesem Vorgehen zum Ausdruck und konnte mit der Anregung durchdringen, das Interesse an der Entwicklung des Klienten in ein gemeinsames Gespräch umzulenken (s.u. Theoriekarte ›Dreieckskontrakte‹, Fall 4).

In diesem Gespräch wurde deutlich, dass die Vorgesetzten von vorneherein starke Bedenken an der Eignung des Kandidaten für den Posten hatten. Der Klient war in der Zwischenzeit zu dem Entschluss gekommen, dass er der hohen Anforderung an Führung in dem Bereich nicht wirklich entsprechen wolle. Man kam überein, dass durch diese Entscheidung seine weitere Karriere nicht belastet sein sollte – er konnte nicht ›einfach ins Glied zurücktreten‹. In dem Gespräch und den nachfolgenden Sitzungen wurden im Zusammenhang mit einer Reorganisation des gesamten Bereichs gute Lösungen für einen seitlichen Ausstieg des Klienten aus der belastenden Position gefunden. Und es gab ein wirkungsvolles Reflexionsgespräch mit seinem Vorgesetzten, Herrn Z., das die Bevormundung in der verbleibenden Zeit der Zusammenarbeit deutlich reduzierte. Der Klient ist in seiner jetzigen Position zufrieden und ausgefüllt.

3. KONTROLETTI

3.1 Der Fall (Michael Kramer)

Bei der anfragenden Firma handelt es sich um einen Werkzeugmaschinenhersteller mit ca. 2000 Mitarbeitern mit Produktionsstätten sowohl im Inland wie im benachbarten Ausland. Das Verwaltungsgebäude der Hauptniederlassung wirkt hochmodern, sehr ästhetisch und ein wenig steril.

Die betreffende Firma kam mit dem Anliegen auf mich zu, drei Geschäftsführer jeweils im Einzelcoaching sowie gleichzeitig im Teamcoaching zu begleiten. Ich führte zunächst ein zweistündiges Gespräch mit dem Leiter der Fortbildungsabteilung. Nach ca. zwei Wochen folgte ein weiteres Gespräch von einer Stunde mit dem Vorsitzenden der Firmenleitung. Beide Gespräche fanden in ausgesucht höflicher Atmosphäre statt. Jeweils wurde deutlich gemacht, dass sie noch nie mit Coaching gearbeitet haben. Neben dem Wunsch die drei Herren zu coachen, wurde ich um meinen Rat gefragt, wie das Instrument einzusetzen sei. Die drei Geschäftsführer wurden als extrem unterschiedlich beschrieben, sie seien Experten auf ihren Gebieten und daher für das im Zuge einer Reorganisation entstandene Geschäftsfeld ausgewählt worden. Es wurde gleichzeitig Skepsis geäußert, ob sie die Aufgaben erfolgreich bewältigen könnten, zumal sie auch miteinander Schwierigkeiten hätten.

Beide Gesprächspartner waren über meine sehr deutlich vertretene Meinung, dass ich gerne zur Verfügung stände als Coach eines der Herren oder für das Team, dass ich aber große Probleme sähe, alles in eine Hand zu geben, sehr erstaunt; es gebe einen Mitbewerber, der darin keine Probleme sehe. Es war deutlich zu spüren, dass sie meine Begründung, es seien Rollenkonflikte und Loyalitätskonflikte absehbar, welche meine Arbeitsfähigkeit als Coach stark beeinträchtigen könnten, nicht wirklich akzeptieren wollten. Auf meinen Vorschlag, sich ein Team von guten Coaches aufzubauen, wollten sie nicht eingehen. Obwohl Aufgabenvermischungen im Beratungs- und Coachingalltag häufiger vorkommen und negative Folgen durch sehr saubere Kontraktierungsarbeit auch verhindert werden können, so war mein Gefühl, den Auftrag so nicht annehmen zu wollen, sehr eindeutig.

3.2 Kommentare

Sebastian Krapoth

In seiner mündlichen Falldarstellung hat der Coach die Ausgangsfrage bzw. die Überschrift des Falles folgendermaßen beschrieben: »Bin ich päpstlicher als der Papst?« Meine spontane Antwort unmittelbar nach der Darstellung war ein Nein, und auch wenn ich jetzt die Beschreibung lese (in der diese Ausgangsfrage so nicht mehr auftaucht), komme ich zu keiner anderen Einschätzung.

Bei Annahme des Auftrages in dieser Form sehe ich eine viel zu große Gefahr nicht nur von Loyalitätskonflikten bei der Person des Coaches, sondern weitergehend auch von möglichen Akzeptanzproblemen und Misstrauen auf Seiten der drei Geschäftsführer. Mit Glück – und je nachdem, welche individuellen Themen die Geschäftsführer im Coaching bearbeiten wollen – könnte es zwar im Ergebnis ›vielleicht irgendwie‹ funktionieren und ›gut gehen‹, aber aus professioneller Sicht musste der Auftrag m.E. so abgelehnt werden.

Darüber hinaus wurde der Coach zusätzlich in die Rolle als Berater für eine generelle Einführung von Coaching gebracht (»wurde ich um meinen Rat gefragt, wie das Instrument einzusetzen sei«); dadurch wurde möglicherweise die Aufmerksamkeit des Coaches, auf ein möglichst professionelles Vorgehen zu achten, noch verstärkt – ganz abgesehen davon, dass er ein eindeutiges Gefühl gegen den Auftrag empfand. Warum also sich auch gegen dieses Gefühl wehren?

Der einzige Weg wäre aus meiner Sicht gewesen – ähnlich wie es der Coach auch versucht hat –, den Auftrag so zu definieren, dass man zunächst mit einem Teamcoaching oder einer Teamentwicklung begonnen hätte und auch nur dafür zur Verfügung zu stehen. Vielleicht wäre es zu einem späteren Zeitpunkt im Beratungsprozess dann eher möglich gewesen, den Auftraggeber zu überzeugen, dass man nicht auch gleichzeitig ein Einzelcoaching übernehmen kann.

Die gesamte Situation hätte sich möglicherweise im Anschluss sogar dadurch ›entdramatisiert‹, dass beim Teamcoaching bereits wesentliche Aspekte thematisiert wurden, die für eine ausreichende Klärung der Situation sorgen konnten.

Interessenlage/Anliegen des Auftraggebers:

Der Auftraggeber (Aufsichtsratsvorsitzender) muss sich in einer Notsituation befunden haben: Wozu sollte er sich sonst ein Instrument ins Haus holen, das er nicht kennt und das er fast mit spitzen Fingern anfasst? Sein Interesse ist es, die drei eingesetzten Geschäftsführer einzeln und als Team für das neue Geschäftsfeld fit zu machen. (Was wäre die Konsequenz, wenn das nicht funktionierte?) Sein Kalkül war, dass er mit dieser Aufgabe einen fachkundigen Menschen betraut, den er Coach nennt. Folgte er den Argumentationen des Coachs, müsste er mehrere Vertreter eines Gewerbes ins Haus holen, gar einen ganzen Pool von Menschen, denen er im Grunde seines Herzens misstraut (wahrscheinlich folgte er dem Bericht in der *Harvard Business Review*, dass Coaches ihren Kunden schaden). Er wollte einen Agenten in das GF-Szenario schicken, der dort ›aufräumt‹, es richtet und der durch regelmäßige Berichte auch kontrollierbar bleibt.

Dieses Anliegen ist natürlich zunächst verständlich und nachvollziehbar. Und es ist eine nicht seltene Auftragskonstellation: Aufgaben der Personalführung, also Linienaufgaben, werden als Gesamtpakete an einen externen Coach delegiert. Der Coach ist dann nicht mehr in der Rolle, Ansprechpartner für eine wohlüberlegte Maßnahme der Personalentwicklung zu sein. Er erhält implizit Führungsaufgaben, ohne dafür legitimiert zu sein.

Die Überlegung des angefragten Coachs sind deshalb sehr folgerichtig. Er befindet sich hier mitten in einer Vierecksbeziehung, die bei der Auftragslage (drei mal Einzelcoaching + Teamcoaching in einem vom Vorsitzenden verordneten Setting) kaum sauber zu kontraktieren ist.

Teamentwicklung statt Coaching:

Nun ist bedauerlich, dass ein anderer Anbieter möglicherweise schlechte Arbeit macht, Coaching in diesem Unternehmen in Misskredit bringt und auch noch Geld verdient. Mich reizt deshalb die Frage, ob sich in dieser Situation eine tragfähige Arbeitsgrundlage konstruieren ließe. Welches Setting und welches Label wäre dem Anliegen des Kunden angemessener gewesen als Coaching?

Ich habe als Arbeitstitel für einen solchen Prozess ›Teamentwicklung unter gelegentlicher Vertiefung durch Einzelgespräche‹ gewählt. Die Einzelgespräche würden sich dann ausdrücklich auf die Rolle der GF im Teamentwicklungsprozess beziehen und weniger persönliche, biografische Tiefung bekommen. Hierfür hätte ich ein konkretes Angebot formuliert, dass einen solchen Prozess beschreibt, der auch den Vorstandsvorsitzenden einbezieht und der den gemeinsamen Entwicklungsprozess in den Vordergrund stellt. Die Einzelgespräche hätten dann klar in einer Zuarbeit zu dem gemeinsamen Prozess gestanden.

Ob das Label ›Coaching‹ für einen solchen Prozess oder Teile davon überhaupt noch angemessen ist, darüber kann man sicher streiten. Das Label würde hier eher genutzt, um an den Kunden anzukoppeln. Eventuell würde sich im Verlauf des Prozesses bei einzelnen GF ein Bedürfnis nach weiterem Coaching ergeben, was dann im Rahmen des Prozesses leichter an Dritte weitergereicht werden könnte. Grundlegend für meine Entscheidung wäre, ob ich die Hoheit über die Prozessschritte behalte und nicht in vorgestanzte Abläufe gesteckt werde.

Ein Reiz an diesem Auftrag besteht für mich darin zu versuchen, eine ausreichend saubere Kontraktierung für einen solchen Prozess zu erreichen. In der Kontraktierung müsste auch geklärt sein, welchen Teil des Prozesses der Auftraggeber mitgestaltet, wie er gegenüber seinen Führungskräften den Prozess rahmt, ihm ein Ziel gibt, die Verkoppelung mit seiner Personalführung sicherstellt etc.

Beziehungsdynamik:

Ich habe die Hypothese, dass die Kontaktgestaltung des Aufsichtsratsvorsitzenden zum Coach charakteristische Muster zeigt, die auch in dessen Beziehung zu den GF eine Rolle spielen. Wenn das so ist, dann dürften Fragen der Definitionsmacht, der Kontrolle, der Gestaltungsfreiräume, der Klarheit von Kontrakten etc. eine wichtige Rolle spielen. Was wäre, wenn die Schwierigkeiten der drei GF (ihre scheinbare persönliche Inkompetenz und ihre Schwierigkeiten miteinander) wesentlich auch durch diese Beziehungsdynamik geprägt sind? Die Kontraktierung müsste also auch wegen dieser Situation die Rolle des Aufsichtsratsvorsitzenden in dem Prozess beschreiben. Wahrscheinlich ist allerdings mit Abschluss des Kontraktes die wesentliche Arbeit dort erledigt, da die wesentlichen Themen einer konkreten Lösung zugeführt wurden.

Folgende thematische Schwerpunkte werden in diesem Fall besonders deutlich:
- Abgrenzung von Coaching und anderen Instrumenten (z.B. Teamentwicklung)
- Kombination von Coaching und anderen Instrumenten
- Abgrenzung von Coaching von Aufgaben der Personalführung
- die Dynamik der Beziehung (des Unternehmens, der Auftraggeber) zum Coach als Spiegel der Beziehungsdynamik im Unternehmen

- Kontraktgestaltung bei Dreiecks- und Vierecksbeziehungen
- Implementierungsstrategien für Coaching als Instrument der PE

Christine Kaul

Zunächst einmal fallen mir drei Aspekte ins Auge:
1. »So war mein Gefühl hier sehr eindeutig, den Auftrag nicht annehmen zu wollen.« Einer solchen Intuition nicht Folge zu leisten, wäre selbstschädigend.
2. Es gab zuerst ein Einzelgespräch mit dem Leiter der Fortbildung. Dieser ist irritiert von dem Hinweis auf einen möglichen Interessenkonflikt. Obgleich er dieses Argument nicht akzeptieren kann, erfolgt ein weiteres Gespräch (zwei Wochen später) mit dem Vorstandsvorsitzenden. Das heißt, dass der Leiter der Fortbildung aus welchen Gründen auch immer, nicht selbständig entscheiden kann: »Dieser Anbieter ist für unser Unternehmen nicht der Richtige« – auch wenn die Konsequenz aus dieser Entscheidungsunfähigkeit bedeutet, dass der höchstbezahlte Mitarbeiter des Unternehmens eine Stunde ›nutzlos‹ vertut. Was muss das für eine autokratische Unternehmenskultur sein! (Für mich persönlich würde schon aus diesem Grund der Punkt 1. gelten.)
3. »Es wurde Skepsis geäußert«, lässt mich an den sogenannten Pygmalion-Effekt denken. So trivial dieser psychologische Mechanismus ist, so häufig findet er sich bestätigt. Die Erwartung des Scheiterns führt zum Scheitern. Es ist zu unterstellen, dass auch der Coach von den Auftraggebern in diese Misserfolgserwartung einbezogen wurde. Daraus ergäbe sich eine ›sozialdarwinistische‹ Wettbewerbssituation zwischen den vier beteiligten Personen (Coach und drei Coachingnehmer): allemal unterhaltsam für das beobachtende Umfeld, aber zermürbend für die Akteure (wobei der Coach wenigstens ›Schmerzensgeld‹ bezöge). Meine Prognose: höchstens einer der vier ›überlebt‹ diesen *contest for the survival of the fittest.*

Eine Variante, bei der ich mir vorstellen kann, dass ich den Auftrag akzeptiert hätte: Teamcoaching unter dem Motto ›Wie können wir drei, zum Nutzen des Unternehmens, gemeinsam stark sein?‹

Natürlich ist es richtig, einen Auftrag nicht anzunehmen, wenn mein Gefühl mir diese Richtung weist. Die rationale Begründung der ablehnenden Haltung ist gut nachvollziehbar, und mit allen Schulbuchaussagen zum Thema »Kontraktklarheit« im Dreieck Auftraggeber-Klient-Coach in Übereinstimmung.

Dennoch möchte ich hier Stellung beziehen für eine zweite Sicht, die einem in Coachingfragen unerfahrenen Unternehmen den Weg dazu möglicherweise pragmatisch ebnen könnte. Dies scheint auch nach der Schilderung des Kollegen durchaus möglich, er hätte die »Hürde Leiter Fortbildung« nicht genommen, wenn es nicht eine prinzipiell wohlwollende Einstellung gegeben hätte. Ich finde es allerdings sehr ungewöhnlich, wenn dieser das Internet für die Auftragsanbahnung nutzt. Aus manchen Formulierungen (»sehr ästhetisch und ein wenig steril«) blitzt eine recht kritische Distanz des Coaches zu dem Unternehmen auf, was in der mündlichen Falldarstellung auch spürbar war in den Fragen, die der Kollege stellte, sinngemäß: »War ich da vielleicht zu kritisch?«. Ich denke, dass die Entscheidung des Coachs auch hätte anders ausfallen können.

Der Klient (zu dem bzw. zu denen im ganzen Kontraktingprozess kein Kontakt entstand) und sein System muss anders ›ticken‹ dürfen als der Coach, er darf ›dumm‹ sein: Das meint, er muss nicht die Standards und Königswege kennen und ich finde es eigentlich gerade eine wichtige Aufgabe, Menschen, die mit dem Instrument Coaching offensichtlich keine Erfahrung haben und so auch über förderliche Rahmenbedingungen keine klaren Vorstellungen haben können, in einer eher vorsichtigen pragmatischen Haltung des Sich-Annäherns und des Experimentierens die Erfahrungen machen zu lassen, von denen wir überzeugt sind.

Das würde erst einmal bedeuten, den Vorsitzenden der GF darauf hinzuweisen, dass seine Beschreibung der Situation zunächst eher nach einem Auftrag zur Teamentwicklung aussieht, wobei die Zielrichtung noch detailliert zu beschreiben wäre. Implizit gibt es bereits Konfliktbeobachtungen und negative Erfahrungen, die sich dafür als Ausgangspunkt eignen würden. Dies ließe sich in einem nächsten Gespräch erörtern, das dann immer noch Kontraktklärung wäre, aber natürlich kein Akquisitionsgespräch mehr. Es hätte zum Ziel, die motivationale Basis der Betroffenen (Geschäftsführer) zu erkunden und mit diesen einen anfänglich fast ›beliebigen‹ Weg gemeinsam beschlossener Entwicklung zu verbesserter Zusammenarbeit einzuschlagen, auf den sich die Beteiligten einlassen können: Wenn die drei GF keine Scheu vor der gleichzeitigen Betreuung durch einen Coach hätten, gäbe es aus meiner Sicht keinen Grund, damit nicht wenigstens zu beginnen! Es könnte daraus ein effektiver Lernprozess resultieren, wenn im weiteren Verlauf die Loyalität des Coaches zum Thema gemacht werden würde, und es dann z.B. auf einer tieferen Ebene um Konkurrenzängste oder ähnliche Dynamiken ginge; genau dort könnte der Zeitpunkt sein, Kollegen ins Spiel zu bringen und dem Klientensystem den eigenen Weg zu dem Schluss zu lassen, dass eben für viele Situationen ein Pool von Coaches dem vertrauten Standard-Coach überlegen ist. So könnte – alternativ – ein nachhaltiger Lernprozess für die gesamte Führung der Organisation möglich werden, der im Beispielfall natürlich nur funktioniert, wenn der Kunde da abgeholt wird, wo er steht. Gleichwohl: die eher intuitive Ablehnung durch den Coach muss erste Priorität haben.

3.3 Theoretischer Hintergrund

Rollen des Coaches

(Michael Kramer)

Rollenüberschneidungen sind im Beratungs- also auch im Coachingalltag durchaus nicht unüblich und mit Hilfe von sauberer Kontraktierung, d.h. Aufgaben-, Rollen- und Zielklärung in den Griff zu bekommen. Dies kann der Fall sein, wenn aus einer OE-Maßnahme ein Coaching folgt oder wenn man einen der Beteiligten aus anderen Zusammenhängen kennt.

Rollenwidersprüche, wie sie sich aus dem Annehmen zweier, von Zielstellung, Beziehungsgestaltung sowie Interventionsplanung her widersprüchlichen Aufträge ergeben, lassen sich nicht auflösen und müssen im Verlauf des Coachings zu schwerwiegenden Beschädigungen des Prozesses führen.

Dies ist immer dann der Fall, wenn man zwei Kontrahenten getrennt coachen will oder dann, wenn eine Führungskraft coachen will.

Kliententypen
Kornelia Rappe-Giesecke (nach Schein 1997)

Wenn es wie in diesem Fall um mindestens drei oder vier beteiligte Personen im Unternehmen geht, muss ich versuchen zu klären, wer welche Rolle in Bezug auf die Coachinganfrage einnimmt.

Edgar Schein sagt, dass es wichtig ist, dass sich die Berater immer klar sind, mit welchem Typus von Klient sie gerade zu tun haben. Es kann sich erst im Laufe des Prozesses herausstellen, wer welchem Typus zuzuordnen ist, kompliziert wird es auch dadurch, dass ein und dieselbe Person im Laufe der Zeit verschiedene Rollen einnehmen kann.

Er unterscheidet sechs Typen:

1. *contact client* (Kontaktklient): derjenige, der mit dem Berater den ersten Kontakt aufnimmt
2. *intermediate client* (Mittelbarer Klient): diejenigen, die durch Interviews, Treffen und Vorbesprechungen in die Beratung involviert werden
3. *primary client* (Primärer Klient): diejenigen, die das Problem besitzen und aus deren Budget in der Regel die Beratung bezahlt wird
4. *unwitting client* (Ahnungsloser Klient): nichts ahnende Klienten stehen in einer direkten Beziehung zum *primary client*; Mitarbeiter, Führungskräfte, KollegInnen; werden durch die Beratung affiziert, sind sich dessen aber nicht bewusst
5. *ultimate client* (Ultimative Klienten): kann die gesamte Organisation sein, eine Gruppe oder eine Gemeinschaft, deren Wohlergehen der Berater in seine Interventionen mit einbeziehen sollte
6. *indirect client* (Involvierter ›Nicht-Klienten‹): Mitglieder der Organisation, die von der Beratung affiziert werden, etwas davon wissen und versuchen Einfluss zu nehmen (Politik, Macht); der Berater hat aber in der Regel keinen Zugang zu ihnen oder kennt sie nicht

Auf den Fall bezogen heißt dies: Je nachdem, welchem Kliententyp ich eine der beteiligten Personen zuordne (z.B. das gesamte Unternehmen dem Typ 3 oder den Vorstandsvorsitzenden dem Typ 4), zieht dies eine andere Kontraktierung und Interventionsplanung nach sich. Die Analyse und Beschreibung der Kliententypen, die gemeinsam mit den Kunden in den Sondierungsgesprächen durchgeführt wird, ist oft schon eine machtvolle Intervention.

Kontrakt
(Christine Kaul)

Soziale Regeln, die eine Situation definieren, den sozialen Rahmen abstecken, werden oft nicht expliziert. In der Schlange stehen, an den Schalter treten, »10 zu 55« sagen und schon weiß jeder, welche Situation gemeint ist. Im Coaching dagegen ist es nötig und unabdingbar, die Situation mit dem Kunden zu definieren, explizit. Denn viele Kunden streben zwar initiativ Coaching an, wissen aber trotzdem oft nicht, was Coaching konkret bedeutet.

Folgendes sollte nach dem Kontraktgespräch klar sein:

- Dies ist eine Beratungssituation. Es gibt einen Coach und einen Kunden. Die Situation ist insofern zwangsläufig komplementär.
- Der Kunde – nicht der Coach – definiert das Thema, die Ziele des Coachings und hat das Recht, absolut hierin ernst genommen zu werden (es gibt keine verdeckten Ziele des Coaches, im Sinne von »Das eigentliche Problem des Kunden ist ...«, s.o. Theoriekarte ›Zieldivergenz‹, Fall 1).
- Es gibt keine verdeckten Aufträge von Dritten für den Coach.
- Der Coach steuert den Prozess.
- Der Kunde ist frei in seiner Reaktion auf Interventionen.
- Die Kommunikation sollte allerdings – dies als eindringliche Erinnerung – symmetrisch sein. »Ich, Coach, bin Experte für ... – Sie, Kunde, sind Experte für sich selbst.«
- Transparenz des Coachings: macht sich der Coach Notizen – dann nur solche, die der Kunde jederzeit einsehen könnte, bzw. die er als Protokoll erhält.
- Wie oft treffen wir uns, für wie lange und wo?
- Was passiert, wenn einer absagt?

Allerdings bleibt vieles in der Praxis ungesagt. Unausgesprochen bleibt meistens die Rollenverteilung bzw. die Rollenerwartung aneinander, so etwa, dass der Coach der Beratende ist, was seine Möglichkeiten an Selbstausdruck und Selbstdarstellung deutlich einschränkt (allerdings gibt es Coaches, denen dies noch einmal deutlich gesagt werden müsste!).

Der explizierte Kontrakt (von manchen Coaches auch schriftlich dokumentiert) enthält die gemeinsamen Arbeitsgrundlagen, die Zieldefinition mit den Erfolgsmerkmalen: Woran werden wir merken, dass wir das Coachingziel erreicht haben?

Arbeitsbündnis
(Michael Kramer)

Ein Arbeitsbündnis entsteht neben den Aspekten der notwendiger-weise guten Beziehungschemie dann, wenn die Erfüllung der Interessen, Ziele und Vorstellungen des Kunden mit dem professionellen Rahmen, für den der Coach verantwortlich ist, ein angemessenes Gleichgewicht bilden.

Eine Fußangel für den Coachingprozess entsteht meist dann, wenn wir zulassen, dass der Kunde den Prozess definiert. Dies passiert dann, wenn Vorgaben bezüglich Zeiten, Geschwindigkeiten, Personen oder Themen, natürlich auch Tabuthemen gemacht und vom Coach direkt übernommen werden. Der Kunde ist der Experte für seine Inhalte, Fragen und Themen, wir sind die Experten für den Prozess und sollten diese Autorität auch in die Waagschale legen. Beide gemeinsam legen das Ziel fest und stellen den Erfolg sicher.

Entsorgung von Führungsaufgaben in den Coachingprozess
(Matthias Lauterbach)

Coachinganfragen enthalten oft Anteile, die als Führungsaufgaben zu beschreiben wären. Im vorliegenden Fall wäre zu prüfen, ob und wie der Vorsitzende seine Führungsaufgabe wahrnimmt. Zu dieser würde gehören, mit den Geschäftsführern über ihre Aufgabenzuschnitte und die zukünftigen Anforderungsprofile an ihre Arbeit zu sprechen. Über Zielvereinbarungen wären ggf. notwendige Entwicklungsprozesse zu verabreden. Auch die Gestaltung der Koordination, der Nahtstellen gehört zu den Führungsaufgaben, zumindest im Sinne der Definition des Problems und der konkreten Beauftragung zu einer Lösung. Insbesondere in dem Vorbereitungsgespräch oder am Beginn des Coachings ist dieser Aspekt zu reflektieren und ggf. zu thematisieren. Das Risiko besteht sonst, dass der Coach – oft genug, dann natürlich ungeliebte – Führungsaufgaben ausübt, ohne dafür legitimiert zu sein: also z.B. implizit die Entscheidung für eine Entlassung trifft, Disziplinierungen vorbereitet, Menschen ›befriedet‹, die ausreichend Gründe für eine offensive Strategie gegenüber ihrer Führung hätten etc. Dieses Risiko ist natürlich dann besonders groß,

wenn das Unternehmen die Dienstleistung Coaching für einen leitenden Mitarbeiter bezahlt und meint, sich damit auch entsprechende
Aktivitäten des Coachs mehr oder weniger offen einzukaufen.

Die Kontraktierung dieser Situationen (Dreiecks-, Mehreckssi-
tuationen) ist hier von zentraler Bedeutung: Wer hat in dem Prozess
welche Aufgaben und welche Rechte?

In diesem Zusammenhang sei darauf verwiesen, dass die Ablehnung eines Coachingauftrags – und dies wäre im Falle ›unsauberer‹
Aufgabenübertragungen notwendig – eine sehr wirksame Intervention darstellt, die manchmal auch Klärungsprozesse anstoßen kann.
Mit dieser Intervention verdient der Coach dann allerdings kein Geld
– meist verdient dann ein anderer daran. Man behält aber damit
seinen guten Ruf – und der ist langfristig das sicherste Kapital.

Implementierung von Coaching
(Kornelia Rappe-Giesecke)

In diesem Fall treffen wir auf eine nicht ganz ungewöhnliche aber
für den angefragten Coach schwierige Situation, nämlich die, dass
es im Unternehmen noch keinerlei Strukturen und Prozesse für den
Einsatz von Coaching gibt.

Ist der Leiter der Fortbildungsabteilung für den Einsatz von Coaches zuständig und in welcher Rolle tritt dann der Firmenleiter auf?
Als Vorgesetzter der drei Geschäftsführer, d.h. schon bezogen auf
das konkrete Coaching oder als Verantwortlicher für den Bereich
des Coachings? Diese Rollenkonfusion entsteht aus der noch nicht
vorhandenen Aufgaben- und Verantwortungsverteilung und dem
fehlenden Geschäftsprozess: Vermittlung von Coaches.

Der Coach kommt dadurch in die Situation, in der Sondierungs-
phase zwei Fragen gleichzeitig behandeln zu müssen: Ist Coaching
die richtige Maßnahme für diese spezielle Anfrage und wie will das
Unternehmen Coaching als Maßnahme der Personalentwicklung
implementieren?

In der Regel wird die zweite Frage von den Kunden nicht gestellt,
sie wollen eine Einzelfallregelung. Generelle Regelungen, die insti-
tutionalisiert sind, haben den Vorteil, dass sie Sicherheit bieten und
beiden Seiten die Möglichkeit zur Unterscheidung zwischen Nor-
malfall und individueller Abweichung bieten. In diesem Fall zeigt
sich das an der Frage: Ist Coaching von Teams und einzelnen Team-

mitgliedern durch den gleichen Coach Standard oder Abweichung? Wenn es keine generellen Regelungen gibt, wird alles individuell und d.h. willkürlich geregelt. In diesem Unternehmen gibt es kein Verständnis von Coaching und keines für die Rolle des Coachs; der Coach kommt dadurch in die Verlegenheit, erklären zu müssen, warum die Erwartung des Kunden, dass er mehrere Beratungsprozesse parallel übernimmt, seinen professionellen Standards widerspricht. Das Thema der fehlenden generellen Regelungen wird also auch auf der Ebene des Coaches individualisiert und zur Einzelfallregelung: »Dann nehmen wir eben Ihren Kollegen, der macht das.« Der Vorteil für die Unternehmensleitung ist, dass es stärkeren Einfluss auf die Vergabe von Coachingaufträgen behält, sowohl was die Anzahl als auch das Briefing der Coaches anbetrifft. Ob sich das langfristig als Vorteil herausstellt, bezweifele ich.

Sondierungsgespräche dienen in meinem Verständnis immer auch der Aufklärung des Kunden, der Beratung über Beratung. Reiner Verkauf dessen, was ich nun gerade kann und anbiete, zahlt sich langfristig nicht aus. Die Situation in diesem Unternehmen erfordert allerdings noch mehr als Beratung über Beratung, nämlich Beratung über die Implementierung einer Personalentwicklungsmaßnahme. Dies zumindest hätte man in diesem Sondierungsgespräch deutlich machen müssen, bevor man die Einzelanfrage behandeln kann. Ob man dafür allerdings einen Auftrag bekommt ist nicht klar, denn das würde die Einsicht des Unternehmens voraussetzen, dass man diese Strukturen und Prozesse braucht. Wie immer hat man als Berater die Möglichkeit, sich den Bedingungen erst mal anzupassen und auf längerfristige Interventionen zu setzen oder diesen Auftrag wegen mangelhafter Rahmenbedingungen abzulehnen.

3.4 Wie es weiterging

Die Firma entschied sich zunächst für ihren ursprünglichen geplanten Weg. Heute, nach zwei Jahren arbeite ich (seit gut sechs Monaten) als Coach für einen der oben erwähnten Geschäftsführer. Er hat mittlerweile nur einen Kollegen, mit dem er sich die Geschäftsführung teilt. Dieser Kollege hat keinen Coach. Die Themen, um die es in den bisherigen sieben Sitzungen ging, sind seine (und die seines Geschäftsfeldes) strategische Positionierung gegenüber der sehr dominanten Unternehmensleitung sowie die Aufgabenverteilung und Kommunikation mit seinen GF-Kollegen.

Die Zusammenarbeit auf der Geschäftsführerebene klappt besser als anfangs beschrieben. Nach dem Scheitern eines ersten ›Coachingprozesses‹ war zunächst ein Jahr Pause.

Etliche Probleme, die Organisation und übergeordnete Führungsstrukturen betreffen, sind zu erkennen und im Coaching immer wieder mittelbare Themen. Im Gesamtkontext der Firma werden sie nicht bearbeitet.

Für jeden Coach, der wie ich auch als Organisationsberater arbeitet, ergibt sich in solch einer Fallsituation immer wieder die Herausforderung die organisationsbezogenen Themen nur in Bezug auf die Person des Kunden zu bearbeiten und diesen nicht als Trojanisches Pferd für eine Bearbeitung dieser Themen zu nutzen, für die es keinen Auftrag gibt.

4. EINGEPARKT

4.1 Der Fall (Matthias Lauterbach)

Der Coachingkunde, Herr G., ist 48 Jahre alt und ist Führungskraft in einem süddeutschen Unternehmen, das Automaten und Leitsysteme für Parkhäuser entwickelt und erstellt. Er berichtet direkt dem Vorstand. Er leitet eine Abteilung mit ca. 20 Mitarbeitern, die projektabhängig personell aufgestockt wird. Er ist einerseits für die interne EDV-Struktur des Unternehmens verantwortlich, andererseits ist er Spezialist für bedarfsabhängige Leitsysteme. Er gilt bundesweit als Fachmann für Verkehrssteuerung und ist ein gefragter Referent.

Er hat sich um ein Coaching bemüht, da die Schwierigkeiten in seinem Unternehmen immer weiter eskalierten. Ich wurde mit ihm von der Mitarbeiterin der Personalbetreuung in Kontakt gebracht, die für die Vermittlung von Coaches zuständig ist. In deren Räumen fand das bilaterale Vorgespräch statt. Das Unternehmen bezahlte für ihn die Coachingsitzungen, dafür wurde von ihm eine Rückmeldung an die vermittelnde Mitarbeiterin über die Qualität des Coachings erwartet.

Für folgende Bereiche beschrieb Herr G. Probleme:

- Er war stark unter Beschuss in der regionalen Presse, da seine Strategien der innerstädtischen Verkehrslenkung in einem öffentlich stark beachteten Projekt höchst umstritten waren. Hier fühlte er sich von seinem Vorstand im Stich gelassen.

- Im Unternehmen selbst war die Unzufriedenheit mit der Leistung der von ihm geführten Abteilung sehr groß, da die Einführung neuer Software zu anhaltenden Problemen geführt hatte. Ihm wurde vom Vorstand vorgeworfen, in seiner Führungstätigkeit gegenüber den Mitarbeitern zu schwach zu agieren, so dass diese machten, was sie wollten. Er selbst hielt Härte in der Personalführung ebenfalls nicht für seine Stärke. Er erlebte sich bei seinen Kontakten mit dem Vorstand emotional stark verunsichert.

- Der Kunde leidet seit ca. sechs Jahren unter einem Tinnitus (Ohrgeräusch). Im vergangenen Jahr hatten sich die Beschwerden gebessert, nachdem er sich entlastet hatte und einige Aufgaben an eine

Nachbarabteilung delegieren konnte. Seit einigen Wochen haben die Beschwerden wieder stark zugenommen.

Sein Anliegen und Ziel für den Coachingprozess war mehrschichtig:
- Er wollte seine Situation im Unternehmen klären und er wollte besser verstehen, was zu den Spannungen in der Beziehung zum Vorstand führte.
- Er wollte Verhaltensmöglichkeiten entwickeln, um dem als massiv erlebten Druck zu entkommen.
- Er wollte Wege entwickeln, wieder stärker seine eigenen Interessen im Unternehmen durchzusetzen.

Insbesondere die Bearbeitung seiner angespannten Beziehung zum Vorstand sollte Priorität im Coaching haben. Er erhoffte sich schon dadurch eine Reduzierung des Drucks und damit auch eine Verbesserung seines Tinnitus. Als private Ressourcen nannte er seine Familie (mit Kindern im Alter von 12 und 13 Jahren) und seine klare Orientierung an christlichen Werten im Rahmen einer Glaubensgemeinschaft.

Im ersten Coachinggespräch machte er einen sehr angespannten, gleichzeitig erschöpften Eindruck. Er berichtete über die vielen ›Baustellen‹, die er gleichzeitig zu bedienen versuchte. Manchmal war schwer zu verstehen, von welcher ›Baustelle‹ er gerade sprach. Er machte einen eher ›weichen‹ Eindruck. Er betonte sein Gottvertrauen, dass es eine gute Entwicklung geben werde. Die Schwierigkeit der Einstiegssituation bestand darin, dass die Arbeitssituation des Coachingkunden im Unternehmen an fast keiner Stelle mehr als stimmig erlebt wurde und in diesem Zusammenhang eine Fülle unterschiedlicher Themen auftauchte.

Nach der ersten, dreistündigen Sitzung hatte sich Herr G. entschieden, das Unternehmen in ca. acht Monaten zu verlassen und sich mit seiner fachlichen Spezialisierung selbstständig zu machen. Das Anliegen an den Coachingprozess veränderte sich dadurch und bezog sich nun auf die Vorbereitung dieses Wechsels. Die Veränderung seines Anliegens (jetzt im Sinne einer Outplacement-Beratung) hatte er sich vor der zweiten Sitzung vom Vorstand genehmigen lassen und sich die weitere Finanzierung des Coachings gesichert.

4.2 Kommentare

Sebastian Krapoth

Nach der ersten dreistündigen Coachingsitzung entschließt sich Herr G. das Unternehmen zu verlassen. Dieser Umstand sowie die Beschreibung, wie sich Herr G. im ersten Gespräch über seine Situation äußert, lassen mich ein bisschen daran zweifeln, dass die Auftragssituation aus Sicht des Klienten tatsächlich zu Beginn auf eine Veränderung im Unternehmen zielte. Die Entscheidung zu einem Schritt von solcher Tragweite kommt in der Regel doch eher nach einem längeren Entscheidungsprozess zu Stande; und sei es, dass sich dieser bei Herrn G. eher unbewusst abspielte und er nur noch einen Auslöser bzw. einen Unterstützer – den Coach – bei dieser Entscheidung brauchte. Ich vermute, Herr G. war sich seines Schrittes mehr oder weniger bewusst, benötigte aber eine Art externer Instanz als Unterstützung dem Unternehmen gegenüber, diese Entscheidung zu begründen, und brauchte möglicherweise auch für sich selbst noch einen professionellen Spiegel, der ihm den Eindruck der fehlenden Stimmigkeit zurückmeldete. Dazu kam vielleicht auch schon der Wunsch nach Begleitung bei den potenziellen ersten Schritten in die Selbständigkeit.

Wenn diese Hypothesen zutreffen sollten, ist das Coaching insofern aus Sicht von Herrn G. sicherlich sehr sinnvoll und geschickt eingesetzt worden. Die Veränderung des ›offiziellen‹ Auftrags nach der ersten Sitzung wird von Herrn G. mit dem Vorstand abgesprochen und ist so aus meiner Sicht für den Coach unproblematisch.

Auf welche Weise Herr G. – bezogen auf die Anbahnung und weitere Steuerung des Coachingprozesses – selbst aktiv ist, zeigt, dass offenbar auch für den Neubeginn viele Ressourcen zur Verfügung stehen. Die Fülle von Problemen hingegen scheint mir beim Lesen der Falldarstellung so groß und bedeutsam (insbesondere auch die körperliche Symptomatik), dass vermutlich nach der getroffenen Entscheidung von Herrn G. sehr viel Energie allein durch den plötzlich wegfallenden Druck freigesetzt wird.

Hier würde ich deswegen versuchen, sehr stark ressourcen- und zukunftsorientiert zu arbeiten. Die Probleme, die offiziell Anlass für das Coaching waren, würde ich insofern einbeziehen, als sie sich als problematisch auch für die beginnende Selbständigkeit erweisen könnten (etwa seine Vermarktungsstrategien kritisch hinterfragen; hier muss vielleicht auch geprüft werden, ob die Vorstellungen bezüglich der Chancen von Herrn G. am Markt und sein Selbstbild realistisch sind).

Ansonsten ginge es eher darum, in einer Phase des Anhaltens Strategien zu entwickeln, um die fachliche Spezialisierung am Markt zu verkaufen (hier hatte Herr G. offenbar schon Ideen entwickelt) und diese berufliche Veränderung mit der privaten Lebenssituation abzustimmen.

Insgesamt würde ich vermuten, dass Herr G. hier nur Anstöße und eine Art Sparringspartner benötigt, mit dem er seine eigenen Ideen und Strategien durchsprechen kann. Genauso wie er sich selbst sehr aktiv um Unterstützung bemüht hat, als es aus seiner Sicht offenbar endgültig in der Firma nicht mehr für ihn weitergehen konnte, ist er vielleicht auch jetzt zumindest gedanklich schon viel aktiver und weiter, als es erst einmal scheint.

Eine besondere Rolle käme noch dem Tinnitus zu, unter dem Herr G. schon seit Jahren leidet. Hier ist die Frage nach dem generellen Umgang von Herrn G. mit Stress und Belastung zu stellen, wenn man in diesem Fall das Symptom als typisches Stresssymptom ansehen möchte; außerdem in Verbindung mit seinem starken Glauben die Frage nach seiner möglicherweise zu großen Bereitschaft, Dinge auszuhalten bzw. als von Gott gegeben hinzunehmen.

Hier könnte ein Widerspruch zu der von mir vermuteten aktiven Rolle von Herrn G. vorhanden sein: Manche Dinge sollte er um seiner selbst willen in Zukunft besser nicht sechs lange Jahre geschehen lassen oder mit seinem Gottvertrauen aushalten, bis es vielleicht schon zu spät ist. Dieser Themenkomplex müsste im Coaching also auch Beachtung finden, da ich denke, dass der Glaube von Herrn G. zwar eine große Ressource darstellt, aber eben auch zur Gefahr werden kann.

Reinhard Billmeier

Dieser Fall ist besonders im Hinblick auf die schnelle Wendung (des Ausstiegs) und die Zeichen, die dies in der Schilderung des Fallgebers durchaus andeuten sowie die Betonung der Religiosität des Coachees.

Als hervorstechendstes Zeichen für eine tiefe Unstimmigkeit der (beruflichen) Situation sehe ich den seit Jahren latenten, bei Stressreduktion zurückgehenden und in der gegenwärtigen Situation wieder stark belastenden Tinnitus des Klienten. In meiner Coachingpraxis standen durchweg alle Klienten (es waren einige), die dieses Symptom zeigten, vor einer grundlegenden und tiefgreifenden Neuorientierung (mindestens) ihrer beruflichen Situation, wobei der damit einhergehende Stress oft nicht oder nur wenig ›gefühlt‹ wurde. In jedem Fall war das Ergebnis vergleichbar dramatisch mit der Entscheidung des Klienten hier, die Organisation zu verlassen und sich selbstständig zu machen. Tinnitus (mit seiner latenten Tendenz zum Kollaps in einem Hörsturz: »Ich kann (und will) das nicht mehr hören!«) gilt in der psychosomatischen Krankheitslehre als mit dem Herzinfarkt vergleichbares besonderes Stressphänomen.

Insofern würde ich in einem derartigen Falle auch die Bereitschaft des Klienten überprüfen, ob er neben der beruflichen Klärung Offenheit für eine begleitende Psychotherapie hätte, da der Beruf nicht der einzige Auslöser sein muss und möglicherweise auch nicht der wichtigste ist.

Die geäußerte religiöse Orientierung des Klienten würde mir auch erlauben, die Situation auf der spirituellen Ebene zu beleuchten: Ist mein Beruf meine Berufung? Als ein Zeichen von tiefer Störung würde ich auch die zusammenfassende Wahrnehmung des Fallgebers werten, »dass die Arbeitssituation im Unternehmen an fast keiner Stelle mehr stimmig wirkte«. Stimmig kommt von Stimme, Berufung hat vor allem mit dem Hören auf die ›innere Stimme‹ zu tun, und so kann man einen Tinnitus durchaus als eine Äußerung auf dieser Ebene begreifen.

Insofern ergibt sich als Auftrag für eine sehr grundlegende Positionsbestimmung, die einen starken Fokus auf die Persönlichkeit legen wird (Wie verarbeite ich Stress, was bringt mich in Stress, was entspannt mich? Gibt es für mich Möglichkeiten von Frühwarnsystemen, kann ich einen Weg finden, stärker aus meinen Gefühlen heraus und in Verbindung mit ihnen zu handeln?).

Da die Symptomatik seit mehreren Jahren besteht, wird es sinnvoll sein, das Thema ›Konsequenz‹ anzubieten, wenn es der Klient nicht von sich aus anspricht. Wahrscheinlich ist der Coachee mit derart grundlegenden Fragen seit Jahren beschäftigt (mindestens unbewusst) und hat bisher keinen Weg gefunden, wirklich zu verändern. Für diese Hypothese spricht der überaus schnelle Entschluss nach der ersten Sitzung: Das zeigt, dass für ihn die Zeit reif war.

Christine Kaul

Mir ist im Verlauf meiner Tätigkeit als Coach immer wieder aufgefallen, welch eine reichhaltige Informationsquelle die Religiosität meines Kunden für mich ist und welch eine machtvolle Ressource für den Kunden. Ich erinnere mich an einen Klienten, der mit 35 Jahren nach seinem Dafürhalten alles erreicht hatte, was er sich für sein Leben vorgenommen hatte, und der deshalb in eine schwere depressive Sinnkrise geriet (Was soll ich mit meinem Leben nun anfangen?). Er erschien mir suizidgefährdet, aber:

davor hielt ihn seine enge Bindung an die katholische Kirche zurück. Die Frage danach, was er glaube, was Gottes Definition eines gelungenen Lebens sein könnte, führte uns in sehr intensive Diskussionen und den Kunden aus der Krise.

Ich würde auch in diesem Fall versuchen, über die religiöse, bzw. konfessionelle Bindung für ›Druckausgleich‹ zu sorgen. Religiöse Überzeugungen können auch bedeuten, dass irdisches Dasein letztlich nichtig ist und in seiner Bedeutung nicht überschätzt werden darf angesichts des Todes Jesu. Das bedeutet auch, dass eine Auflehnung gegen Erniedrigungen und Demütigungen in der Nachfolge Jesu nicht erwünscht ist. Welchen Beitrag eine solche oder ähnliche Lebensanschauung an der Problemsituation des Kunden gehabt haben mag?

Die verschiedenen ›Drücke‹, unter denen er steht, möchte ich gerne in einer Art ›Druck-Soziogramm‹ von ihm darstellen lassen. Er sollte darüber hinaus eine Rangfolge nach Druckstärke vornehmen (inkl. Familiendruck und Religionsdruck). Welchen Druck kann er wie in welchen Anteilen steuern und kontrollieren – also wo sieht er noch Handlungsfreiräume? Was wäre, wenn er eine Art (Reifen-) Druckprüfgerät hätte und gezielt Druck ablassen könnte, wie würde sich das auf ›Fahrverhalten‹, ›Materiallebensdauer‹ etc. auswirken? (Wie viel Druck im Reifen muss man eigentlich bei seiner Fahrtgeschwindigkeit einfach einkalkulieren?)

Ich möchte mit ihm jeden einzelnen Druck durchgehen. Was wäre, wenn dieser Druck oder jener durch Zauberhand weg wäre? Was bedeutet das für die anderen Drücke, wie rearrangieren diese sich? Zum Beispiel der Druck auf die Ohren? Ich würde mit ihm an der Analogie arbeiten: Wenn Druck eine Währung ist, mit der er zahlt, wie sieht eigentlich die Ware aus, die er dafür erhalten hat? Zu welchem Preis? Überteuert, ›RudisResteRampe‹ oder völlig angemessen? Könnte es sein, dass der Kunde meinte, er könne die Ware (Status, Renommee etc.) bekommen, ohne einen Preis zu zahlen?

Eigentümlich in der Falldarstellung finde ich im Übrigen den Ausdruck »sein Auftrag war …« (Wobei ich davon ausgehe, dass es sich nicht um den Auftrag des Unternehmens an den Coachingkunden handelt, sondern um den Auftrag des Kunden an den Coach). Auftrag gehört für mich in die gleiche Bedeutungskategorie wie ›Anweisung‹, ›Befehl‹. Nach meinem Verständnis ist es so: Ein Kunde kann mir (in meiner Rolle als Beraterin) den Auftrag geben, einen Coach für ihn zu suchen. Ich lasse mir (in meiner Rolle als Coach) aber vom Kunden nicht den Auftrag geben, »seine Situation zu klären und Verhaltensmöglichkeiten zu entwickeln«.

4.3 Theoretischer Hintergrund

Dreieckskontrakte
(Kornelia Rappe-Giesecke)

Es kommt in der Praxis eher selten vor, dass es nur einen Auftraggeber für das Coaching gibt. Neben dem Kunden selbst tritt häufig
eine interne Personalentwicklungs- oder Fortbildungsabteilung auf
und zusätzlich noch die Führungskraft, die ihre Führungskraft ins
Coaching ›schickt‹.

Im juristischen Sinne gibt es keine Dreieckskontrakte, es gibt Verträge zwischen zwei Vertragspartnern, Coach und AuftraggeberIn.
In diesem Vertrag wird der Gegenstand benannt und die Rechte
und Pflichten der beiden Seiten geregelt. Der Auftraggeber, z.B. die
Personalentwicklungsabteilung wird außerdem einen Vertrag mit
dem Chef der Führungskraft haben. Eventuell hat die auftraggebende Führungskraft auch einen Vertrag mit ihrem Mitarbeiter, der
z.B. die finanziellen Ressourcen regelt oder Verpflichtungen des Mitarbeiters enthält (z.B. Konsequenzen aus Zielvereinbarungsgesprä-
chen).

Daneben gibt es aber auch noch einen sozialen Vertrag, der mehrere Vertragspartner umfassen kann. Wer hat sich wem gegenüber
zu was verpflichtet? Wem bin ich als Coach verpflichtet? Dem Kunden, zu dessen Wohl ich die Beratung mache; der vermittelnden
Instanz, mit der ich Rahmenbedingungen des Coachings abgesprochen habe; der Führungskraft, die mir ihren Mitarbeiter anvertraut
und letztlich, sagt Ed Schein, den unwissenden aber vom Coaching
betroffenen Mitarbeitern meines Kunden. Es entstehen vielfache
Loyalitäten, die mit ziemlicher Wahrscheinlichkeit in Spannung zueinander geraten.

Die in diesem Fall nach der ersten Sitzung entstandene Entscheidung des Kunden, das Unternehmen zu verlassen, kann zu einem
Loyalitätskonflikt für den Coach werden, wenn der Mitarbeiter das
Coaching nicht selbst zahlt, also Auftraggeber ist, sondern entweder direkt oder indirekt (über die Personalentwicklung) die Führungskraft des Kunden. Der Coach hat sich aus der potenziellen Falle,
heimlich am Ausscheiden des Mitarbeiters zu arbeiten, herausma-
növriert, indem er den Kunden gebeten hat, seinen Chef zu informieren und die Zustimmung für ein Outplacement-Coaching zu
bekommen. Der Coach muss also nicht in jedem Fall selbst die Kon-
trakte regeln, sondern kann vermittelt über seinen Kunden oder die

Personalentwicklung den Kontrakt mit dem auftraggebenden Chef gestalten. Aber gestalten muss er ihn.

Wenn die Interessen des Coachingkunden und die des Unternehmens stark auseinandergehen – was beim Ausscheiden aus dem Unternehmen gar nicht der Fall sein muss (ein Unternehmen kann einverstanden sein, Mitarbeiter, die nicht mehr über ausreichend Commitment verfügen können, zu verlieren), dann ist der Coach mit seinem Dreiecks- oder Viereckskontrakt nicht aus dem Schneider. Das Unternehmen bezahlt mich, also muss ich klären, was das Interesse des Unternehmens und was das Interesse des Kunden ist. Dann kann ich entweder versuchen eine Balance herzustellen, möglicherweise indem ich oszilliere und einmal das eine und einmal das andere Interesse im Blick habe. Oder ich treffe eine Entscheidung, wem ich dienen will. Bei völligem Interessengegensatz kann ich den Kunden bitten, selbst Auftraggeber zu werden und mich zu bezahlen und den anderen Vertrag lösen. Eine weitere Variante ist ein Gespräch mit allen Beteiligten, um die Aufträge zu klären und alle in die Verantwortung zu nehmen, statt sie alleine zu tragen.

Coaching und Gesundheit
(Matthias Lauterbach)

Gesundheit umfasst in einem ganzheitlichen Verständnis neben den klassischen Themen Bewegung, Ernährung, Stressbewältigung, Entspannung und neben den engeren medizinischen Themen (Heilung oder Linderung von Krankheit), den Menschen in seinen gesamten Lebenszusammenhängen mit seinen Balancen (z.B. zwischen Familie und Beruf), seinen Werten und Priorisierungen, seinen Sinnbeschreibungen und seinen übergeordneten Aufgaben, Zielen, Bestimmungen bis hin zu einer transzendentalen, spirituellen Dimension. Leistungsfähigkeit, Gestaltungswille, psychische und physische Fitness, Genussfähigkeit und Wohlbefinden können als wichtige Parameter von Gesundheit in diesem ganzheitlichen Sinne verstanden werden. Viele Coachingprozesse können als Beitrag zu einem höheren Maß an Gesundheit, an Gesundheitsorientierung verstanden werden, ohne dass dies ausdrücklich benannt wird.

In dem Ansatz des Gesundheitscoachings wird auf diese Zusammenhänge allerdings ausdrücklich Bezug genommen. Dann spielt auch die konkrete physische und psychische Gesundheit eine Rolle, die über entsprechende Untersuchungen (z.B. Laborwerte), Check-ups (z.B. zum Status der Fitness, zur Lebensqualität), gezielte Beratungen (z.B. Ernährung) u.a. in den Coachingprozess integriert wird. Dabei übernimmt der Coach die Funktion, die Zusammenschau der Ergebnisse solcher Fachberatungen für den Entwicklungsprozess des Kunden zu moderieren.

Anlass für ein solches Setting sind oft körperliche Einschränkungen, Erkrankungen, Energieverluste, Störungen von Schlaf und Entspannung, hohe Stressanfälligkeit o.Ä. Aber auch im Rahmen von grundlegenden Neuorientierungen der beruflichen Entwicklung kann das Setting des Gesundheitscoachings sinnvoll sein, um Gesundheit – immer mit dem ganzheitlichen Verständnis – als thematische Basis zu nutzen.

Konkrete Symptome, die evtl. sogar teilweise den Anstoß zum Coaching geben – wie in diesem Fall der Tinnitus – müssen als wichtige Signale für eine Störung im Gesamtsystem Gesundheit des Kunden verstanden werden und in die Hypothesenbildung des Coachs einfließen. Wichtig ist aber auch, mit dem Kunden die fachkundige Behandlung des Symptoms zu thematisieren und die Ergebnisse in den Coachingprozess einzubeziehen: Was bedeuten z.B. anhaltende Symptome (Tinnitus, Rückenbeschwerden, Herzrhythmusstörungen, ...) für den weiteren Coachingprozess? Was raten die Fachleute, wer ist noch hinzuzuziehen? Welche Themen ergeben sich daraus für den weiteren Coachingprozess?

Oft genug werden von Kunden massive Symptome ignoriert – ein Verhalten, das vom Coach thematisiert werden muss.

4.4 Wie es weiterging

Der Coachingprozess lief über neun Monate. Schwerpunkt war das gute Abschließen der unterschiedlichen Tätigkeitsfelder des Kunden im Unternehmen und die konkrete Erarbeitung der neuen beruflichen Perspektive. Dabei nahmen der Abgleich seiner neuen Rolle mit seinen Lebenszielen und die Erarbeitung der Eckpunkte seiner zukünftigen *life balance* einen wichtigen Platz ein.

Der Coachingprozess schloss mit dem Ausscheiden von Herrn G. aus dem Unternehmen. Erste Aufträge an ihn standen zu diesem Zeitpunkt kurz vor dem Vertragsabschluss.

5. Die Bewährung

5.1 Der Fall (Kornelia Rappe-Giesecke)

Die interne Beraterin eines Unternehmens bittet mich, ein Erstgespräch mit einem potenziellen Kunden zu führen. Herr X. soll noch einmal an sich arbeiten, sagt sein Chef, bevor er ihn für die Führungskräfteentwicklung vorschlägt.»Er sei zu freundlich und solle lernen Kontra zu geben«. Herr X. hat bereits einen internen Coach, der die Kultur des Unternehmens gut kennt, ich soll mit ihm eher an seiner Person arbeiten, ein in diesem Unternehmen übliches Vorgehen.

Zum Erstgespräch erscheint ein sympathischer, offener und hochmotivierter Mann. Er erzählt mir, dass sein Chef ihm sagt, er solle dominanter auftreten. Ich sage ihm, dass ich keine Aufträge von seiner Führungskraft annähme; was er denn wolle? Er wolle wissen, wohin er will und was er kann. Er habe Verschiedenes im Laufe der Zeit gelernt: zunächst ein Handwerk, dann ein Ingenieurstudium absolviert und sich zum Thema Finanzen weitergebildet, nun würde er das alles gerne zusammenbringen und Führungskraft werden. Ab Montag habe er seine erste Aufgabe als Führungskraft von zwei Teams in der Produktion, da solle er sich bewähren, sagt sein Förderer, eine höher angesiedelte Führungskraft.

Wir einigen uns darauf, dass wir zwei Themen bearbeiten: einmal seine Karriereplanung (Wo will ich hin?) und zum anderen sein Führungsverhalten in der neuen Position.

Durch unterschiedliche Urlaubszeiten bedingt findet der erste Termin sechs Wochen später statt. Er steht unter starkem Druck und erzählt übersprudelnd, dass seine Situation schon ziemlich schwierig geworden ist. Die Führungskraft, die ihn eingestellt hat, ist nicht mehr da und seine Stelle war zuvor drei Monate unbesetzt. Mit dem neuen Chef und einem Mitarbeiter aus der Qualitätssicherung gibt es Schwierigkeiten. Der Mitarbeiter aus der Qualität interveniert direkt in seine Teams hinein, was er sich verbittet und was ihm dessen Ärger einträgt. Er sieht als Neuer eine Menge an Verbesserungsmöglichkeiten im Qualitätsmanagement, um die hohe Rate an Nachbearbeitungen der Produkte, für das eines seiner Teams zuständig ist, und die damit verbundenen Überstunden zu reduzieren. Der

Mitarbeiter aus der Qualität scheint seine Aufgabe nicht gut zu machen. Mit seinen Teams, die zunächst ziemlich demotiviert sind und Arbeit nach Vorschrift machen, kommt er bestens klar. Er arbeitet nicht, wie ihm geraten wird, mit Druck, sondern versucht deren Schwierigkeiten zu verstehen: »Offene Tür und offenes Ohr«. Seinem Chef passt »die ganze Richtung« nicht, er »stellt ihm den Qualitätssachbearbeiter zur Seite«, was ihn frustriert. Wir arbeiten daran, wie er mit seinem Chef in Kontakt kommen und diese Situation produktiv wenden kann, wofür er ganz aufgeschlossen ist. Die für ihn bedeutsame Frage ist: Soll ich das alles aufdecken und zu meinem Förderer gehen, welcher der Chef meines Chefs ist? Erwartet er, dass ich mich auf diese Weise bewähre? »Das sind politische Dinge, bereden Sie das noch einmal mit ihrem internen Coach, ehe Sie etwas unternehmen«, sage ich, weil ich mich nicht in der Lage fühle, das zu beurteilen, und ich ihn davon abhalten möchte, zu schnell zu reagieren.

Die interne Vermittlerin, der interne Coach und ich haben zu Beginn vereinbart, dass wir Coaches in Kontakt gehen, um uns abzustimmen, was ein durchaus übliches Verfahren in diesem Unternehmen ist, von dem der Kunde weiß. Bei unserem ersten Gespräch, das nach dieser Sitzung und einem Treffen des Kunden mit dem internen Coach stattfindet, verständigen wir uns darüber, dass sich unser Kunde nach unserer beider Einschätzung in einer brisanten Situation befindet. Er möchte das Beste für das Unternehmen und für seine Teams ohne Rücksicht auf die Gepflogenheiten und damit auch auf sich selbst. Der interne Coach hatte ihn nach dem schwierigen Gespräch mit seinem Chef noch nicht gesehen. Wir einigen uns, dass der interne Kollege alle Dinge, die mit Politik und Strategie zu tun haben, mit ihm bearbeitet und ich bei den Führungsthemen und der Karriereplanung bleibe.

Im nächsten Coaching berichtet der Kunde, dass sich die Situation mit seinem Chef weiter zugespitzt hat.

5.2 Kommentare

Christine Kaul

Der (externe) Coach hat im Erstgespräch klugerweise nach den Zielen des Kunden selbst gefragt und sich nicht zufrieden gegeben mit dem Zitat der Vorgesetztenwünsche.

Der Kunde möchte danach wissen, was seine Stärken sind und wohin er im Unternehmen noch kommen möchte und kann. Als Kontrakt ist wohl der Satz zu verstehen: »Wir einigen uns darauf, dass wir zwei Themen bearbeiten, einmal seine Karriereplanung (Wo will ich hin?) und zum anderen sein Führungsverhalten in der neuen Position.« Wenn wir das zweitgenannte Thema als eine umfassendere Formulierung des Vorgesetztenwunsches betrachten, dann fehlt mir im erstgenannten Kundenthema ein entscheidendes Element: »Was kann ich?«

Der Kontrakt zwischen Coach und Kunde lautete nach meinem Dafürhaltens vollständig:

Am Ende des Coachingprozesses, weiß ich

a) welches meine Stärken sind,

b) wie mein Karriereziel heißt,

c) wie ich mein Führungsverhalten so gestalte, dass ... (ich den Verhaltenserwartungen meines Chefs entgegenkomme, ohne mich selbst zu verleugnen).

Wie wir weiter sehen, haben a) und b) miteinander zu tun: Der Vorgesetzte erwartet, dass sein Mitarbeiter ›Kontra geben‹ lernt. Dies scheint der Mitarbeiter aber zu können, vielleicht passiert dies nach Ansicht des Chefs nur am falschen Ort: »Der Mitarbeiter aus der Qualität interveniert direkt in seine Teams, *was er sich verbittet ...*« Auch die Überlegung, zum Vorgesetzten seines Vorgesetzten zu gehen, um Missstände aufzudecken, ist ein ›Kontra‹ – und zwar ein massives. Zu unterstellen ist, dass der Kunde seinem Chef auch direkt durch Widerstand Kontra gibt; wie anders ist es zu erklären, dass er ihm einen ›Aufpasser‹ an die Seite stellt? Denn ein Qualitätssachbearbeiter ist gewiss nicht die Person, die seine Führungsperformance observiert – s.o.: c).

Zwar mag es Differenzen über den Führungsstil des Kunden geben, aber sie scheinen mir nicht die Quelle des tiefen Misstrauens zwischen Chef und Mitarbeiter zu sein. Operiert unser Kunde etwa mit geliehener Macht und macht seinem Chef Druck? Gibt er ihm ›Kontra‹? Schließlich ist der Chef des Chefs Förderer des Kunden, und er hat eine Menge erheblicher Missstände aufzudecken, die sein Chef offensichtlich bisher duldete: »He, Chef, den Augiasstall, den du da geduldet hast, werde ich jetzt ausmisten. Und wenn du nicht parierst, gehe ich zu deinem Chef!«

Ich mag nicht annehmen, dass der Kunde diese Strategie bewusst anwendet. Zwischen seiner Intention und seiner Wirkung klaffen möglicherweise Abgründe. Er will zeigen, dass er die Ärmel hochkrempelt, dass er fähig ist und zu weiterer Karriere beste Voraussetzungen mitbringt. Die Wirkung ist jedoch eine recht eindeutige Kampfansage an den Vorgesetzten.

Sollte dies der zentrale Ausgangspunkt der beklagten Situation sein, dann ist mit Sicherheit einer der zwei Coaches überflüssig: der interne, denn es kann hier zunächst nicht darum gehen, die Kultur des Unternehmens und Karriereweg bzw. Karriereinstrumente kennen zu lernen. Als wichtigere Aufgabe erscheint mir, dem Kunden Reflexionsmöglichkeiten anzubieten über das, was er mit seiner (ganz gewiss karrierehinderlichen) Interaktion bezweckt. Ich würde deshalb empfehlen, mit dem internen Coach ein Gespräch zu führen, ob er meine Sicht der Dinge teilt. Wenn dies so ist, wäre die interne Coachingberaterin entsprechend zu informieren. Möglicherweise ist für den internen Coach zu einem späteren Zeitpunkt wieder Raum, mit dem Kunden die unternehmensinternen Rahmenbedingungen auszuloten.

Wenn wir lautere Absichten beim Kunden unterstellen – also keine absichtsvoll destruktive Strategie gegenüber seinem Vorgesetzten, dann haben wir zumindest eine Schwäche eruiert, nämlich die Unfähigkeit, dort Empathie zu entwickeln, wo eigene Interessen im Spiel sind. Vielleicht würde es ihm helfen, Schach spielen zu lernen: immer einige Züge im Voraus zu bedenken, welches Bild sich meinem Spielpartner bieten wird und wie er darauf reagieren könnte – jeder Schachspieler reagiert anders, aber es ist lernbar, wie *relativ* sichere Prognosen über das Verhalten anderer möglich werden. Der Mechanismus ist lernbar, die Sicherheit der Prognose ist abhängig von der Fähigkeit zu objektiver Selbstaufmerksamkeit – die leider kaum lernbar ist. Zwischen objektiver Selbstaufmerksamkeit und der Antizipation langfristiger Konsequenzen des eigenen Verhaltens bestehen gut untersuchte Beziehungen.

Michael Kramer

Ich weiß nicht, wie sich der Coachee seinem Team gegenüber verhält und wofür die dortige Akzeptanz steht. Was an Fakten erkennbar ist, stimmt aus meiner Sicht zunächst einmal nicht unbedingt mit der Auftragsformulierung überein.

Der Klient scheint mir nicht unter mangelnder Konfliktfähigkeit und -bereitschaft zu leiden. Vielmehr ist er in der Lage, wichtige und auch wesentliche (die Reaktion des Systems scheint dies zu bestätigen) Problemfelder zu sehen und auch zu thematisieren. Er ist weiterhin in der Lage einen eigenen (der üblichen Praxis widersprechenden) Führungsstil zu etablieren und hat hier ganz offensichtlich klare normative und strategische Vorstellungen.

Wenn ich es zugespitzt betrachte, dann scheint er mir ein guter Kandidat für das obere Management zu sein. Damit hängt sein Problem ganz offensichtlich direkt zusammen.

Herr X. (über)identifiziert sich stark mit seinem Mentor bzw. mit Themen und Verhaltensweisen, die weit über den Aktionsbereich seiner aktuellen Position hinausgehen. Herr X. bricht die Konfluenz der vorherrschenden Kultur und der Übereinkunft über abteilungsinterne Gepflogenheiten wie z.B. das Hinwegsehen über bestimmte Qualitätsdefizite. Dabei übersieht er, dass dies nur aus einer sehr machtvollen Position möglich ist und dort auch nur, wenn man sich um entsprechende Verbündete bemüht hat.

Aufgrund beider Punkte zeigt Herr X. eklatante strategische Schwächen, d.h. er hat keine realistische Einschätzung seines Macht- und Wirkungsbereiches sowie der Anforderungen an seine derzeitige Position und Rolle. Ebenso offensichtlich hat er keine Vorstellung von den und vielleicht auch keine Wertschätzung für die Beharrungskräfte und Widerstände in Organisationen bei Changeprozessen. Wie sollte er sie dann in notwendige realitätsbezogene Handlungskonzepte einbeziehen? Hier zahlt jemand bitteres Lehrgeld. Da er einen internen Spezialisten für die Etikette an die Seite gestellt bekam, schien man das zu ahnen.

Was ist mit Herrn X. los? Einige Hintergrundfragen, die sich mir aufdrängen:

- Hat er ein Helfersyndrom?
- Kann er nicht anders, ist er missionarisch beseelt?
- Hat er ein überhöhtes Selbstkonzept?
- Oder ist er schlicht der richtige Mann am falschen Platz?

Gehe ich von den vorgenannten Thesen aus, dann ist eines der Hauptthemen für das Coaching: Orientierung.

- Orientierung in seiner momentanen Situation, über die Anforderungen an seine Stelle und das aktuelle Beziehungsgeflecht.
- Orientierung in Bezug auf seine inneren Landkarten, seine Selbsteinschätzung mit Stärken und Schwächen.
- Orientierung von außen. Was sein Mentor wollte, das wusste er, dieses Wissen hat er allerdings nicht in seine Handlungskonzepte mit einbezogen. Nun hat sich die Situation jedoch geändert. Es scheint Zielkonflikte mit seinem neuen Vorgesetzten zu geben. Herr X. sollte also schnell ein möglichst konkretes (Zielvereinbarungs-) Gespräch mit seinem Vorgesetzten führen, um dort Ziele für einen überschaubaren Zeitrahmen, Aufgaben und Kompetenzen sowie Kommunikationswege gemeinsam festzulegen. Die Betonung liegt auf »gemein-

sam«, denn gegen seinen Chef wird er sowieso nie erfolgreich sein können und wahrscheinlich an der Stelle ein eher kurzes Dasein fristen.

›Zielvereinbarungsgespräch‹ sollte er das Gespräch nur dann nennen, wenn es in der dortigen Kultur auch so etabliert ist.

Den Fokus im Coaching würde ich auf die berufsbezogene Selbst- und Kontextwahrnehmung legen. Fragen, die mich dabei interessieren würden:

- Wie kommt es zu den momentanen Schwierigkeiten?
- Wie trägt Herr X. selbst dazu bei?
- Was hat er davon?
- Wie könnte er die Situation verschlimmern?
- Wieso macht er sich seine Arbeitssituation / das Leben schwerer als es sein müsste?
- Was sind seine Ziele, Strategien und Visionen?
- Wie verhält er sich konkret seinem Vorgesetzten, seinen Mitarbeitern sowie seinen Kooperationspartnern gegenüber?
- Was weiß er über Veränderungsdynamiken und -geschwindigkeiten? Herr X. scheint einiges an Fachwissen zu haben aber wenig Instinkt oder Metawissen.
- Was weiß er über gute Verhandlungsführung und über innerbetriebliche Diplomatie?
- Wie genau bringt er sich in die bestehenden Prozesse ein?
- Welchen Respekt hat er für die Menschen und die vorgefundene Arbeitsstelle?

Die Fragen, die während dieses Coachingprozesses relevant sind, haben alle derart viele Schnittstellen (Kultur, Organisation, Person, Führungsverhalten), dass eine Trennung der Themenbehandlung auf zwei Coaches schwierig ist und eines hohen Maßes an Abstimmung bedarf.

Spiegelt sich in der Abstimmungsproblematik der Coaches ein Teil der Kundensituation wider? Auf der Organisationsebene müssten wir uns dann fragen, wieso der direkte Vorgesetzte des Herrn X. nicht in das Bewährungsexperiment mit einbezogen wurde. Welche doppelten Botschaften des Systems werden an den Klienten herangetragen (Förderer: »Bewähre dich!« Abteilungsleiter: »Decke ja nichts auf!«), und wie wurden sie von dem Kunden interpretiert?

Diese Falldarstellung lädt zu einer Reihe eher negativer Spekulationen ein:

- Wenn die Fallgeberin zweimal betont, dass bestimmte Vorgehensweisen in der Organisation durchaus üblich seien (interner plus externer Coach und deren Abstimmungstreffen), frage ich mich, ob das auch aus persönlicher Beschwichtigung heraus gesagt sein könnte: In einem Fall, in dem das Umfeld sich zum Coachee derart widersprüchlich verhält, ist die Frage, ob das Übliche nicht das Schädliche sein könnte, für mich erst einmal erlaubt.
- Obwohl der Klient »stark unter Druck« steht, vorher noch keine Führungserfahrung besaß und in eine für einen Anfänger besonders schwierige Führungssituation kommt (zwei Teams, hohe Fehlerrate), findet das Orientierungstreffen erst einige Tage vor dem Starttermin und das erste Coaching nach sechs Wochen statt. Das finde ich sehr unüblich und in der Situation auch unpassend. Es drängt sich die Frage auf: Hat der Mann, mit allen diesen Hilfsstrukturen (Förderer, interne PE-Beratung, interner Coach) intern wirklich eine Hilfe?
- Dass eine Nachwuchsführungskraft »das Beste für das Unternehmen und für seine Teams« will, ist normal, und dass er mit den geschilderten Gepflogenheiten in Konflikt kommt, scheint mir selbstverständlich. Deshalb habe ich – ohne Näheres aus der Diskussion zu kennen – den Eindruck, dass der Klient in echter Gefahr ist, ›verheizt‹ zu werden.

Aus den obigen Spekulationen würde sich für mich folgendes Vorgehen ableiten:

Ich würde dem Klienten erst einmal raten, sich außerhalb seines Führungssystems und des entstandenen Beratungssystems (bei der Personalentwicklungsfunktion, die es in diesem Unternehmen sicher geben wird) zu vergewissern, was er im Falle eines Scheiterns für Perspektiven hätte – und was man in der Organisation als Scheitern bewerten würde. Diese Frage wäre für mich als Coach in dem Abklärungsgespräch mit dem internen Berater besonders interessant, um auch die positiven Chancen einer solchen Struktur zu nutzen. Denn die Abstimmung zweier Berater über den Kopf des Beteiligten hinweg erscheint mir nicht hilfreich.

Karriereplanung als Coachingziel (Wo will ich langfristig hin?) scheint mir nach dem ersten Termin nicht anzustehen, sondern erst einmal Krisenintervention (›Wie verhalte ich mich jetzt für mich und die Organisation produktiv?‹).

Eine grobe Einschätzung des Umfelds ergibt folgendes Bild: vermutete positive Beziehung zu einem Förderer (Überforderer?), mittlerweile gute Beziehungen zu den Mitarbeitern, sehr schwierige Beziehungen zum direkten Chef und zur (wegen der starken Qualitätsprobleme hier wohl) besonders wichtigen Stabsfunktion Qualitätssicherung.

Was mich irritiert, ist der von der Fallgeberin gewählte Begriff »Aufdeckung«. Muss denn erst aufgedeckt werden, dass die Nacharbeitungsrate sehr hoch ist? Das riecht nach Verschwörung und Komplott. Ich würde den Klienten zuerst zu einem Gespräch mit dem Vorgesetzten über Sachthemen ermuntern:

• Welche Strategien sieht dieser zur Fehlerreduzierung?
• Welche Führungsphilosophie will er in seinem Bereich gelebt sehen?
• Welche konkreten Erwartungen hat er an die Führungskraft?

Erst wenn er hier nicht weiterkommt, wenn die Differenzen zu groß sind zu dem, was der Klient richtig findet und leisten zu können glaubt, steht der Weg zu einem Gespräch auf höherer Ebene offen. Dann ist es keine Aufdeckung, sondern ein ganz natürlicher Klärungsprozess. Dieses Gespräch sollte im Sinne aller dann als Dreiergespräch zwischen Klient, Chef und Förderer stattfinden; und nur in dem Fall, dass er mit seinem Chef zu keiner Klärung kommt, auch an diesem vorbei. Ich habe gute Erfahrungen machen können mit Settings, in denen der Coach einbezogen ist. Was man dabei aufdecken würde, könnte eher die Personalentwicklungskultur eines Bereichs sein, in dem die versplitterten Akteure wenig Kontakt zueinander zu haben scheinen und sich dies in einem zur Separierung neigenden Unterstützungssystem abbildet.

Bemerkenswert erscheint mir auch noch die Aussage des Chefs, dass der Klient »noch einmal an sich arbeiten« solle, er solle lernen Kontra zu geben. Diese Einschätzung wird ihren Grund haben. Dagegen spricht die Beobachtung, dass er nach sechs Wochen ein Team aus dem Dienst nach Vorschrift herausgeführt hat. Ein solches Verhalten entsteht ja meist als Reaktion auf zu viel Kontra. Ich würde also – langfristig – eher daran arbeiten, wie der Klient sein »sympathisches, offenes, motiviertes« Wesen gut zu schützen lernt und dabei dann denjenigen, die von ihm Gegenteiliges verlangen, Kontra zu geben lernt.

Damit soll der sicher vorhandene Eigenanteil des Klienten an der nach sechs Wochen kompliziert gewordenen Beziehung zu seinem neuen Chef nicht von vornherein verharmlost werden, doch erscheint mir hier das Defizit außen wichtiger als das des Klienten.

Vielleicht muss der Klient im weiteren Verlauf auch für sich klären, ob er in dieser großen Organisation im richtigen Umfeld ist. Gerade Menschen mit einer intensiven Weiterbildungsgeschichte werden oft auf dem Wege stetiger Weiterentwicklung ihres Lernens bleiben wollen und müssen.

Sebastian Krapoth

Mir scheinen bei diesem Fall sowohl bezogen auf die Problematik und Ziele des Kunden als auch bei der Betreuung durch die verschiedenen Coaches und Berater mehrere Ebenen miteinander vermischt, die ich im Sinne einer besseren Übersicht für mich und auch für den Kunden wieder auseinanderdividieren würde.

Es dürfte für den Coach aufgrund des bisherigen Vorgehens schwierig sein, alles angemessen zu ordnen, da der Prozess nicht allein von ihm gesteuert wird: Rein äußerlich wird hinsichtlich des Coachingprozesses hier ein Weg mit einem internen und einem externen Coach gewählt, die zwar in gewisser Abstimmung miteinander, aber doch relativ unabhängig voneinander und zu verschiedenen Themen (aber im selben Zeitraum) mit dem Kunden arbeiten.

Ob dies für diesen Kunden zielführend und günstig ist, wage ich zu bezweifeln, zumal schon die Beschreibung des Falles durch den Coach verwirrend ist. Aus meiner Sicht müsste ein Abstimmungsgespräch mit den beteiligten Beratern geführt werden, in das auch der Kunde einbezogen sein sollte.

Der Kunde formuliert ein anderes Ziel als sein Förderer. Schließlich bearbeitet der externe Coach die Themen Karriereplanung und Führungsverhalten in der neuen Position.

Die Bearbeitung der ersten Frage wird sehr schnell von der Realität eingeholt; das persönliche Thema, wohin der Kunde tatsächlich will, kann kaum bearbeitet werden. Dafür wird aber zumindest deutlich, was er bezogen auf sein Führungsverhalten kann. Es zeigen sich Stärken hinsichtlich der Führung seiner direkten Mitarbeiter, es gelingt ihm, seine Teams zu motivieren und fachlich die Erwartungen zu erfüllen. Dass er dabei eher seinen persönlichen Stil des »offenen Ohrs« und der Kooperation verfolgt, ist offensichtlich fruchtbar, seinem Kollegen aus der Qualitätssicherung kann er aber auch ›deutlich Kontra geben‹, so dass die vom Vorgesetzten gewünschten Eigenschaften offenbar auch vorhanden sind. Ich sehe hier keine Ansätze, warum man aus einem erfolgreichen, kooperativen Führungsverhalten etwa ein weniger freundliches generieren sollte, nur weil es womöglich mit dem etablierten Führungsverhalten in der Organisation konfligiert. Ich hielte es für schlecht, wenn der Kunde sich womöglich verbiegt, nur um die Erwartungen anderer zu erfüllen und würde ihn zunächst eher darin bestärken, seinen persönlichen Weg weiterzugehen.

Tiefer einsteigen würde ich bei diesem Thema dann, wenn es aufgrund eines nicht an die Organisationskultur angepassten Führungsverhaltens zu großen Zielkonflikten mit den Karrierewünschen des Kunden in dem Unternehmen kommen sollte.

Schwächen zeigen sich meiner Ansicht nach bei der Einschätzung seiner Einbettung und seiner Rolle in der Organisation – er zögert und ist unsicher, wie und ob er Mängel, die er entdeckt hat, »aufdecken« soll. Die politische Dimension scheint ihm zwar bewusst zu sein, der strategische Umgang damit fällt ihm aber schwer.

Allerdings handelt es sich tatsächlich um eine brisante Situation, und vom Vorgehen des Kunden hängt möglicherweise auch einiges für ihn ab. So bleibt es in diesem Zusammenhang sehr wichtig, die erste Frage nicht aus den Augen zu verlieren: Wohin und wie weit will der Kunde überhaupt kommen? Zwar entscheidet sich der Kunde sehr schnell dazu, auch ohne Rücksicht auf sich selbst handeln zu wollen, doch würde ich an dieser Stelle genau überlegen, welche Optionen er hat und wie er sich geschickt verhält, um sich eben nicht zu schaden. Es wären aus meiner Sicht Überlegungen anzustellen, wie er die Zusammenarbeit mit seinem Chef und der Nachbarabteilung verbessern kann, bevor er Wege geht, die diese als persönlichen Affront empfinden könnten.

In dieser sehr komplexen Situation (die Lage des Kunden, die aktuell hergestellte Beratungssituation) würde ich ein gemeinsames Gespräch mit allen an diesem Coachingprozess beteiligten Beratern und dem Kunden für gut halten, in dem man eine gemeinsame Orientierung (wieder-) herstellt. Zu überlegen wäre auch, ob man den Initiator, den Förderer des Kunden, einbezieht.

Ich denke, es wäre anschließend besser, dem Kunden nur einen Coach zur Seite zu stellen, wobei mir die interne politische Situation nicht so speziell zu sein scheint, als dass dies zwingend ein interner Coach sein müsste.

Von einer neu gefundenen Orientierung ausgehend, würde es mir als Coach dann wieder leichter fallen, vor dem Hintergrund der Systemdynamik (neuer Chef, Förderer, Nachbarabteilung etc.) und der Kompetenzen des Kunden seine Handlungsoptionen gemeinsam mit ihm zu analysieren. Der Klient wäre in der Folge darin zu unterstützen, sein Handeln so auszurichten, dass er persönlich keinen Schaden nimmt und es trotzdem gelingt, seine inhaltlichen und persönlichen Ziele voranzubringen.

Matthias Lauterbach

Das Coaching begann in einer Situation, in welcher der Kunde in einer komplexen Dynamik steckte, die auf mehreren Ebenen gleichzeitig lief, z.B.:

- Es gibt die Karrierewünsche des Coachingkunden, auf die er mit seinen Qualifizierungen hingearbeitet hat und die er entsprechend den Gepflogenheiten des Unternehmens mit einem entsprechenden Assessment vorantreiben möchte.
- Es gibt das Engagement des Coachingkunden, seine Aufgaben für das Unternehmen und für die von ihm geführten Teams gut zu erledigen.
- Es gibt Ideen auf den ihm zugeordneten Führungsebenen, wie er sich und seine Führungskompetenz weiter entwickeln sollte (»dominanter auftreten«).
- Es sind Dynamiken auf und zwischen den Führungsebenen zu beobachten, die einerseits für die Karrierewünsche unterstützend, teilweise abwehrend wirken.
- Es gibt konkrete Probleme auf der Ebene der Arbeitsbeziehungen (neuer direkter Vorgesetzter, Qualitätssicherung).

Die Konstruktion der Bewährungszeit für den Coachingkunden ist in sich unübersichtlich bis widersprüchlich:

- Er erhält auf der Meisterebene seine erste Führungsaufgabe mit der Botschaft:»Bewähre Dich dort« – aber nach welchen Kriterien?
- Die Situation verändert sich offenbar mit dem Wechsel seiner ihm direkt vorgesetzten Führungskraft – aber was hat sich konkret an dem Anforderungsprofil geändert? Auf welcher Führungsebene werden welche Beurteilungen vorgenommen?
- Die Situation wird zudem stark durch Interventionen der Qualitätssicherung gestaltet.

Andererseits scheint der Kunde sich schwer zu tun, auf veränderte Situationen zu reagieren und dabei die offiziellen und inoffiziellen Regeln des Unternehmens im Blick zu behalten.

In der Konstruktion der Coachingsituation spiegelt sich die Komplexität und teilweise auch die Unklarheit: Neben der internen Vermittlerin handeln ein interner Coach auf der Ebene der betriebsinternen Spezialitäten (betriebsinterne Politik, Strategie etc.) und ein externer Coach (Führungsthemen, Karriereplanung etc.). Der Abstimmungsprozess bleibt lückenhaft. Zumindest scheint die Situation des Kunden die Idee auszulösen, dass er viel braucht (Unterstützung, Begleitung bei unterschiedlichen Themen, Anleitung zur Klärung einer als brisant beschriebenen Situation etc.) und deshalb auch viel angeboten bekommt. (siehe Rollenabgrenzung)

Wir wollen hier die (eher einseitige) Sichtweise einnehmen, dass die Situation des Kunden im Unternehmen stark von dessen eigenem Verhalten geprägt ist. Dann käme man zu der Beschreibung, dass es ihm offenbar ›gelingt‹, die Systemdynamik (unbeabsichtigt) zum Kochen zu bringen. Es entsteht der Eindruck, als ob wichtige Steuerungsinstrumente zur Orientierung in komplexen sozialen Situationen bei dem Kunden nicht entwickelt sind oder zumindest von ihm nicht eingesetzt werden. Das meint z.B. den Abgleich von Selbst- und Fremdbild, die Einbeziehung von Feedback-Schleifen in die Planung der eigenen Handlungen, die Wahrnehmung von Beziehungs- , Gruppen- und Organisationsdynamiken. Es wirkt wie ein engagierter Blindflug auf ein nur ungenau beschriebenes Ziel, der ihn brisante Fettnäpfe ansteuern lässt. Dies führt zu einer Fehleinschätzung der strategischen Verhaltensoptionen bei dem Coachingkunden. Was ihm gut gelingt, ist die konkrete Arbeit in der sozial klar definierten Situation mit den ihm zugeordneten Mitarbeitern, alle anderen Ebenen sind brisant.

Über die Hintergründe kann nur spekuliert werden. Ob man hier unbewusste Kamikaze-Wünsche annimmt oder Defizite der Führungskompetenz konstatiert, ist mehr eine Frage des theoretischen Standorts des Beobachters. Wenn man es zu den Führungskompetenzen zählt, sich nicht nur vertikal nach unten zu bewähren, sondern dies auch nach oben (Stichwort: Führung der Führungskraft) und horizontal zu beherrschen und zudem die Gesamtsituation aus einer Metaperspektive reflektieren zu können, dann sind deutliche Lücken zu beschreiben.

Nun ist der Kunde umstellt von Coaches und Vermittlerin/Beraterin: Ist die Situation mit Coaching zu lösen? Oder: Für welchen Teil des Prozesses kann Coaching das angemessene und Erfolg versprechendste Mittel sein?

Wenn man der oben beschriebenen Sichtweise – nämlich der Verursachung der Situation durch den Coachingkunden selbst – nicht folgt und ihn mehr als Opfer einer schwierigen Situation in seiner unmittelbaren Umgebung sieht, stellt sich natürlich eher die Frage, wie er aus der misslichen Situation, ohne zu viel Schaden zu nehmen, wieder herauskommt, da offenbar verdeckt ›andere Suppen gekocht‹ werden. Auch bei dieser Grundannahme fragt man sich allerdings, was den Kunden in diese Falle hat hineingeraten lassen.

Folgt man weiter der Variante der Eigenverantwortung des Kunden, geht es um die Entwicklung basaler Fertigkeiten der Führungskompetenz. Hier kann natürlich auch ein engmaschiger und mit vielen Feedback-Schleifen angereicherter Coachingprozess hilfreich sein, wobei in einem solchen Fall auch das Instrument der teilnehmenden Beobachtung mit anschließendem Feedback-Prozess eingesetzt werden kann (s.u. Theoriekarte ›Teilnehmende Beobachtung / Beobachtung *on the job* im Coaching‹). Ich fürchte, dass man damit jedoch nicht auskommt. Ein Instrument wie z.B. das der Praxisberatung scheint mir hier indiziert (s.u. Theoriekarte ›Das Konzept der Praxisberatung bei VWN‹). In einem solchen Setting könnte mit dem Kunden die notwendige Sicherheit im Umgang mit dieser und ähnlichen brisanten Situationen erarbeitet werden.

Die Situation des externen Coachs war in diesem Fall durch einen internen Coach ergänzt. Das Konstrukt ist hilfreich, da externe Coaches zwar den entscheidenden Vorteil der Außenperspektive haben, aber bezüglich notwendiger Feinabstimmungen der internen Strategien an Grenzen stoßen. Allerdings zeigt das Beispiel, dass sich zwischen den beiden Coaches dann rasch auch ein Teil der Dynamik widerspiegelt, die auch die Situation des Coachingkunden prägt (Rollenabgrenzung, Informationsfluss). Damit verlieren die beiden Coaches einen Teil ihrer Wirksamkeit. Ich hätte auch Bedenken gegen eine Abstimmung der Coaches über den Prozess ohne Anwesenheit des Coachingkunden: Hier wird das Modell genährt, dass die Fachleute Ideen für den Kunden erzeugen, die er dann vorgeschlagen bekommt (Reduktion von Komplexität für den Kunden). Ein Abstimmungsgespräch in seiner Anwesenheit dagegen könnte für ihn von hohem Wert sein, einerseits weil es als eine Feedback-Situation genutzt werden kann, andererseits, weil die Komplexität durch die unterschiedlichen Perspektiven eher erhöht wird und bei dem Coachingkunden ein Lernprozess über Systemdynamiken angeregt wird. Er selbst bleibt zudem der Fachmann und Hauptverantwortliche für seine Situation.

5.3 Theoretischer Hintergrund

 **Rollenabgrenzung von interner Vermittlung,
internem Coach und externem Coach (+ Koordination)**
(Matthias Lauterbach)

Wie sich in diesem Fall zeigt, sind in Unternehmen mit elaborierten Coachingangeboten mehrere Rollen zu unterscheiden, mit denen der Coachingkunde sich in Beziehung setzt.

Interne Vermittler:
An ihn richtet der Kunde sein Anliegen. Damit der Vermittler einen Coach empfehlen kann, führt er ein ausführliches Gespräch mit dem Kunden, dass zwar explorierend angelegt ist, aber auch klärende Effekte beim Kunden haben kann. Ziel des Gesprächs ist ausschließlich, einen zu der Thematik passenden Coach (oder eine Auswahl von passenden Coaches) vorzuschlagen.

Interner Coach:
Interne Coaches sind von dem Unternehmen angestellt, dem auch die Kunden angehören (oder zumindest einer assoziierten Firma zur Personalentwicklung). Interne Coaches haben den Vorteil, dass sie das Unternehmen, seine Kultur, seine Dynamiken, seine Karriereregeln, oft auch die ›Mitspieler‹ des Kunden, die Thema im Coaching werden, kennen. Zudem verfügt der interne Coach auch über Feldkompetenz, kennt sich also in dem speziellen Arbeitsfeld des Kunden aus – besonders dann, wenn er früher in anderen Funktionen im Unternehmen gearbeitet hat. Die Interventionen des internen Coachs können dann sehr zielgerichtet, oft auch beratend sein. Diese Nähe ist jedoch gleichzeitig der entscheidende Nachteil, da viele Dynamiken, Besonderheiten, Merkwürdigkeiten, Unterschiede etc. nicht in der Prägnanz wahrnehmbar sind, wie dies aus einer Außenperspektive möglich ist, die der externe Coach einbringen kann.

Externer Coach:
Der externe Coach ist durch Verträge, wie Dienstleistungsvereinbarungen mit dem Kunden selbst (wenn dieser ihn direkt bezahlt) oder mit dem Unternehmen verbunden. Er erhält i.d.R. einzelne Aufträge für konkrete Kunden. Er verfügt meist nicht über Feldkompetenz, muss daher sehr aufmerksam dafür bleiben, welche speziellen Dynamiken des Unternehmens aus dem Produkt / der Dienstleistung, dem Erstellungsprozess, dem Markt / den Kunden etc. resultieren.

Einer seiner Vorteile ist die Außenperspektive und die Unabhängigkeit von der Organisation, in welcher der Kunde arbeitet. Der externe Coach sollte nicht in eine wirtschaftliche Abhängigkeit von einem Unternehmen geraten, da sonst ein wesentliches Qualitätsmerkmal seiner Arbeit, seine Unabhängigkeit, verloren geht.

›Indikation‹ für ein Coaching und Abgrenzung von anderen Maßnahmen in PE und OE
(Matthias Lauterbach)

Coaching ist eine von vielen Maßnahmen der Personalentwicklung. Sie kann für sich alleine stehen oder in Kombination mit anderen Maßnahmen der Personal- oder Organisationsentwicklung eingesetzt werden (Beispiel: das Coaching einer Führungskraft während der Neustrukturierung seiner Abteilung).

Wann aber sollte statt (oder neben) Coaching an andere Formen der Personalentwicklung gedacht werden, wie z.B. gezielte Trainingsmaßnahmen, Teamentwicklungsprozesse o.ä.? Eine Antwort auf diese Frage ist nicht pauschal zu geben, es sind mehr Fragen, die der Coach sich und dem Kunden stellen sollte, die den punktgenauen Einsatz von Coaching sichern sollen. Zunächst einmal ganz pragmatisch: Die Chance, dass das Anliegen des Kunden im Rahmen von z.B. zehn Sitzungen über einen Zeitraum von einem Jahr in einem Eins-zu-eins-Setting zu bearbeiten ist, muss auf der Basis der Erfahrung des Coachs als hoch anzusehen sein. Es braucht vor der Kontraktierung eines Coachings, aber fortgesetzt natürlich auch im Coachingprozess, die Reflexion solcher Fragen: Können wir das Ziel in diesem Rahmen erreichen? Bedarf es gezielter Trainings- und Ausbildungsschritte (Rhetorik, betriebswirtschaftliches Know-how …)? Was davon lässt sich ins Coaching integrieren, was nicht? Greift Coaching zu kurz, und ist eher eine Maßnahme zu planen, die über das Einzelsetting hinausgeht (Teamentwicklung, Konfliktmediation, Veränderung der Arbeitsprozesse einer Abteilung etc.)? Was davon lässt sich in das Coaching integrieren (Entwicklung einer Führungsstrategie, Erweiterung des Gesprächssettings in einzelnen Sitzungen etc.?), was braucht ein anderes Setting?

Umgekehrt ist es natürlich genauso: Viele Maßnahmen der Personal- und Organisationsentwicklung ließen sich durch ein Coaching der Verantwortungsträger einsparen oder deutlich verbessern.

Gute Indikatoren für einen passenden Einsatz von Coaching sind einerseits natürlich, dass sich die angestrebten Entwicklungen zeigen, andererseits dass Energie, Lust, Neugier und Spannung in dem Prozess erhalten bleiben. Dagegen kann der Verlust von Energie auf einen unpassenden Einsatz von Coaching verweisen (man strampelt sich dann nutzlos ab), aber auch auf andere Zusammenhänge, wie schlecht kontraktierte Drei- oder Vierecksbeziehungen oder ein zu starkes Interesse des Coachs an der Entwicklung in eine bestimmte Richtung (Verlust der Neutralität).

Teilnehmende Beobachtung
Beobachtung »on the job« im Coaching
(Matthias Lauterbach)

Die Komplexität des Falles und die Frage, was dabei der Auftrag des Kunden selbst ist, lassen die Frage entstehen, ob es hilfreich sein könnte, wenn der Coach sich ein eigenes Bild der Prozesse macht, in denen sich der Kunde befindet.

Während weitgehend Einigkeit darüber besteht, dass Coachingsitzungen vorzugsweise außerhalb der Arbeitssphäre des Kunden stattfinden sollten oder zumindest ein absolut ungestörter Rahmen erforderlich ist, gibt es unterschiedliche Sichtweisen zu der Frage der Präsenz des Coaches im Kundensystem. Die meisten Coaches tendieren dazu, das Arbeitsumfeld des Kunden – vorzugsweise am Beginn des Prozesses – selbst in Augenschein zu nehmen und auf sich wirken zu lassen.

Darüber hinausgehend stellt sich die Frage einer zeitlich ausgedehnteren Begleitung des Kunden durch seinen Arbeitstag. Dies wird auch von manchen Kunden vom Coach erwartet, von manchen Coaches als Methode (Teilnehmende Beobachtung / Beobachtung *on the job*) angeboten. Meist wird eine solche Konstellation auch an den Beginn einer Coachingsequenz gelegt, um die Fragestellungen zu präzisieren, Material zu sammeln, Außenperspektiven zu erarbeiten etc.

Oft dient ein solches Vorgehen, ggf. im Verbund mit anderen Methoden (360°-Analyse etc.), dem Ziel, eine Ist-Beschreibung zu erarbeiten und sie mit der Soll-Beschreibung (= Zielbestimmung) zu vergleichen, um daraus einen Arbeitsplan für das Coaching abzuleiten.

Für die Beobachtung »on the job« gibt es einiges zu beachten. Eine Beobachtung z.B. am Beginn eines Coachingprozesses macht dann einen Sinn, wenn bezogen auf die Fragestellung der Prozess schneller oder/und effektiver gestaltet werden kann. Das kann z.B. bei folgenden Fragestellungen der Fall sein:

- häufiges Erleben von drastischen Unterschieden zwischen der Selbst- und Fremdwahrnehmung
- Fokus des Anliegens auf Präsenz, Ausstrahlung, Auftritt, Charisma, Stimme etc.
- Fokus des Anliegens auf der konkreten Ausgestaltung der Führungsarbeit z.B. in Konferenzen, bei der Nutzung von Raum, Struktur, Moderation, im Kontakt mit den Mitarbeitern, Führungskräften etc.
- Fokus des Anliegens auf einschneidende Störungen der Arbeitsabläufe

Die Risiken der direkten Beobachtung liegen vor allem in folgenden Faktoren:

- Schwächung der Führungsposition (»Der schafft es nicht allein«), insbesondere wenn Coaching (noch) nicht als Instrument zum Erhalt und Ausbau von Spitzenleistungen in dem Unternehmen eingeführt und anerkannt ist.
- Der Coach könnte den Eindruck erwecken, dass er nach der Beobachtung mehr weiß als der Kunde und die Lösung sieht und mitteilt (Kompetenz zur Entwicklung des Kunden liegt beim Coach = Fachmann). Die Verteilung der Verantwortung zwischen Kunde und Coach wird unklar.

Der Gewinn der direkten Beobachtung ist, dass die Themen des Kunden durch das eigene Erleben des Coachs eine zusätzliche ›Auskleidung‹ und ›Bebilderung‹ erhalten. Dadurch lassen sich die Anliegen und Ziele weiter konkretisieren oder auch erweitern oder es werden neue Themen (evtl. Themen hinter den Themen) generiert.

Grundsätzlich ist zu beachten:

Man kann nicht beobachten, ohne das Beobachtete zu verändern. Eine Situation mit Beobachter ist immer etwas anderes, als eine Situation ohne Beobachter. Die beobachtete Situation ist also immer anders, als sie ohne den beobachtenden Coach wäre. Dies ist in das Kalkül, in die Ideen- und Hypothesenbildung und ggf. in die Empfehlungen mit einzubeziehen.

Aussagekräftig ist wegen dieser Einschränkung insbesondere die Beobachtung von Unterschieden, wie etwa:

- im Verhalten des Kunden in unterschiedlichen Arbeits-, Gesprächssituationen, Unterschiede der Reaktionen der Mitarbeiter/Vorgesetzten auf ihn
- Vorher-/Nachher-Unterschiede bei besonderen Ereignissen
- Unterschiede zwischen dem Eindruck im 1:1-Coaching und in der Arbeitssituation

Wenn man sich für eine Beobachtungssituation entscheidet, könnte der Ablauf wie folgt gestaltet werden:

- Einigung zwischen Coach und Kunde auf das Ziel der Beobachtung im Rahmen der Zielvereinbarung des Coachingprozesses
- Definition des Fokus der Beobachtung
- Definition des Zeitrahmens und des Inhalts der zu beobachtenden Situation(en)
- Einplanung zeitnaher Feedback-Schleifen z.B. zwischen einzelnen Beobachtungssequenzen
- Verabredung der offiziellen Einführung des Coaches in den einzelnen Situationen (möglichst konkret im Wortlaut)
- Empfehlung: keine erfundene Coverstory, die meist ohnehin auffliegt, sondern kurze Beschreibung des Coaches und seiner Aufgabe. Wenn Coaching keine Akzeptanz / schlechten Ruf hat in der Organisation: Hände weg von Beobachtungssituationen!
- abschließende Auswertung der Beobachtungen und Einarbeitung in den Coachingprozess

Beispiele für mögliche Beobachtungsfragen des Coach:

- Wie zeigt sich das Anliegen des Kunden in den konkreten Arbeitsabläufen?
- Wie ist die Gesamtwirkung des Kunden in seinem konkreten Arbeitskontext? Wie reagieren Mitarbeiter, Kollegen, Vorgesetzte auf ihn? Welche Kommunikationsmuster lassen sich beobachten (Wortführerschaft, Gestaltungsanteile etc.)?
- Welche Unterschiede gibt es zwischen dem Erleben in der Coachingsituation und in der Realsituation?
- Geht Energie vom Kunden aus? Wie zeigt sich das? Definiert er die Situation oder lässt er sie definieren?
- Was funktioniert gut in seiner Führungsarbeit, was sollte optimiert werden, wo liegen deutliche Defizite? In welchem Kom-

petenzbereich lassen sich die Stärken, in welchem die Schwächen beobachten?
- Welche Ressourcen des Kunden werden (noch) nicht ausreichend eingesetzt?
- Gibt es konkurrierende Machtzentren, wie zeigt sich das?
- Wie wird Konsens erzeugt? Wie wird mit Dissens umgegangen? Wie werden Entscheidungen getroffen und kommuniziert?
- Wie ist die Atmosphäre, die Stimmung, die Kultur? Wird gelacht? Welchen Gestaltungsanteil hat der Kunde daran?
- Wie werden Körper, Gestik, Stimme, Raumaufteilung etc. genutzt, um die Führungsposition zu gestalten?
- Wirkt das Leben des Kunden in der Führungsposition glaubwürdig, überzeugend etc. oder brüchig, aufgesetzt etc.?
- Findet sich die Beschreibung des Kunden von seiner Arbeitssituation in der Beschreibung des beobachtenden Coaches wieder? Wo gibt es die deutlichsten Differenzen?

Empfehlung: Es ist nicht sinnvoll im Rahmen solcher Beobachtungssituationen die anderen Beteiligten um Rückmeldungen zu dem Verhalten, Auftreten und der Wirkung des Kunden zu befragen. Dies führt i.d.R. zu Irritationen in der Beziehung zu dem Kunden. Dafür gibt es zudem geeignetere Instrumente (360°-Feedback), die bei entsprechender Fragestellung eingesetzt werden sollten.
Ökonomischer Check: Die teilnehmende Beobachtung ist zeit- und damit kostenaufwendig. Sie birgt Risiken, kann aber auch einen hohen Gewinn bedeuten. Der Einsatz dieser Methodik ist deshalb sorgfältig in Bezug auf die Nützlichkeit für die Zielerreichung abzuwägen.

Konzept der Praxisberatung bei VWN / VW Coaching GmbH
(Matthias Lauterbach)

Eine weitere Maßnahme zur Förderung dieser jungen Führungskraft könnte neben dem individuellen Coaching auch die von uns entwickelte Praxisberatung sein (VWN / VW CG, Gessner, Lauterbach u.a.).
Das Konzept der Praxisberatung basiert auf der Idee einer kontinuierlichen Entwicklung von Führungskompetenz in einer festen Kleingruppe. Die Gruppe wird von einem Trainer über ein Jahr in

zehn Workshops (1/2 bis 1 Tag) begleitet. Die Inhalte bestehen aus theoretischen Inputs (Kommunikation, Macht, Teamführung usw.), aus Trainingseinheiten (Spontanvorträge, Präsentationen, Verhandlungen usw. mit ausführlichen Feedbacks, Video-Feedbacks), aus Planspielen, aus einer biografischen Perspektive (Wie bin ich geworden, was ich bin und wie präsentiere ich mich?) und aus der Reflexion der eigenen Führungstätigkeit. Zielgruppe sind Nachwuchsführungskräfte vor und nach ihrem Assessment. Der mehrdimensionale Zugang scheint einen intensiven Lernprozess auszulösen, der durch die Kontinuität der Arbeit über einen längeren Zeitraum unterstützt wird. Nachuntersuchungen zeigen, dass damit die Vermittlung von Führungskompetenz – gemessen an Parametern wie kommunikative Kompetenzen, Initiative, Grenzziehung u.a. – gelingt und dass dies auch in die Praxis umgesetzt wird (Poyraz 2003).

Beobachtungs- und Interventionsebenen
(Matthias Lauterbach)

Dieser Fall zeigt deutlich die Komplexität, in der sich Coaching bewegt. Viele Dynamiken sind miteinander verwoben und treten in Wechselbeziehungen zueinander. Die Entwicklung in einem Bereich hat Folgen für andere Bereiche. Coaching muss somit auch den Blick auf diese Prozesse öffnen.

Die Abbildung zeigt einen Ausschnitt der hier vorgestellten Themen und Aspekte.

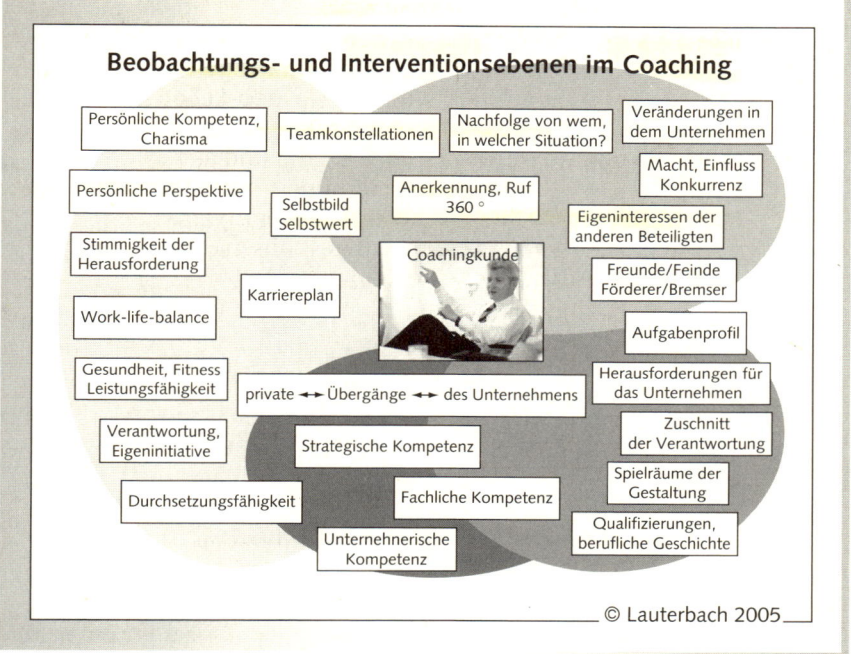

Beobachtungs- und Interventionsebenen im Coaching

Persönliche Kompetenz, Charisma	Teamkonstellationen	Nachfolge von wem, in welcher Situation?	Veränderungen in dem Unternehmen

Persönliche Perspektive

Selbstbild Selbstwert

Anerkennung, Ruf 360°

Macht, Einfluss Konkurrenz

Eigeninteressen der anderen Beteiligten

Stimmigkeit der Herausforderung

Coachingkunde

Karriereplan

Freunde/Feinde Förderer/Bremser

Work-life-balance

Aufgabenprofil

Gesundheit, Fitness Leistungsfähigkeit

private ←→ Übergänge ←→ des Unternehmens

Herausforderungen für das Unternehmen

Verantwortung, Eigeninitiative

Strategische Kompetenz

Zuschnitt der Verantwortung

Durchsetzungsfähigkeit

Fachliche Kompetenz

Spielräume der Gestaltung

Unternehmerische Kompetenz

Qualifizierungen, berufliche Geschichte

© Lauterbach 2005

5.4 Wie es weiterging

Fast ein Jahr nach dem Vorgespräch kommt Herr X. zum Coaching, um ein Gespräch mit seinem neuen Chef und dessen Vorgesetzten vorzubereiten, in dem es darum gehen soll, den Bereichsleiter davon zu überzeugen, Herrn M. für die Führungslaufbahn des Unternehmens zu empfehlen.

In der Zwischenzeit musste Herr X. eine Niederlage verkraften, die es in sich hatte. Sein damaliger Chef hatte ihm recht schnell nahe gelegt zu gehen, weil er diesen »Übereifer« nicht schätzte. Weder sollte der ihm nahe stehende Mitarbeiter in der Qualitätssicherung »entmachtet und entlarvt« werden und die offizielle Hierarchie wieder hergestellt werden, noch war der Chef mit der Art der Führung dieser Teams einverstanden – ganz offensichtlich im Gegensatz zum Team. Herr X. war sich sicher, dass zählt, dass das Team gut arbeitet und seit langem wieder motiviert ist und dass die Erhöhung der Qualität und die Verminderung der kostenintensiven Nachbearbeitung, die er erreicht hat, für sich spricht. Zu seiner Überraschung stützt ihn aber auch sein Förderer nicht mehr, sondern scheint dem

Chef Recht zu geben, der ihn für ungeeignet hält, die Teams zu führen. Maßlos enttäuscht und verunsichert, aber voller Willenskraft, sich davon nicht unterkriegen zu lassen, kommt er ins Coaching. Seine hohe Identifikation mit dem Unternehmen hat gelitten: »Kann es wirklich sein, dass sie nicht meinen, was sie sagen? Ich halte mich an die offiziellen Normen, werde zurückgepfiffen und was sich durchsetzt, ist das Vertuschen von Abweichungen«.

Dass diese Erfahrungen zum Alltag in Organisationen gehören, sein Fokus zu stark auf dem Fachlichen und der Zielerreichung lag, statt darauf, die Politik zu verstehen und ›sich zu ihr zu verhalten‹, erkennt er langsam. Auch begreift er, dass er viel zu schnell gehandelt hat und ohne das Kräftefeld, in dem er agiert, zu beachten. Er erkennt die Bedeutsamkeit der Politik, zu der er sich als Führungskraft verhalten lernen muss, und die Bedeutung der Gestaltung der Beziehungen zu seinen Führungskräften. Sich zu dezentrieren, sich vorzustellen, was in den anderen durch seine Handlungen ausgelöst werden könnte und wird, ist eine Lernaufgabe, die er annimmt. Hier erfährt er, dass er seiner Führungskraft ihre Rolle nicht gelassen hat, sie ›vom Sockel geholt‹ hat und seine eigene Rolle nicht angenommen hat. Dies war im Coaching sehr früh schon Thema, er hat es gehört, aber nicht erlebt und in seiner Relevanz unterschätzt.

Nach der Verarbeitung dieses Scheiterns wenden wir uns seiner Perspektive zu. Erleichternd wirkt, dass er schon eine neue Aufgabe in einem anderen Bereich hat, zwar nicht mit Personalverantwortung, sondern in der Planung und Überwachung, aber bei einer Führungskraft, die ihn von früher kennt und schätzt. Bei der Karriereplanung kommt heraus, dass er zwei gleich bedeutsame Karriereanker hat, ›General Management‹ und ›Totale Herausforderung‹ (s.o. Theoriekarte ›Karriereanker, Fall 1). Der erste erklärt, warum er seine Rolle als Geführter so schlecht annehmen konnte, sich eher schon auf der gleichen Ebene wie sein Chef gesehen hat und der Anker erklärt auch seine Ungeduld damit, ganz unten anfangen zu müssen. Menschen mit diesem Karriereanker wollen viel bewegen und viel Einfluss nehmen, sie sind bereit viel Verantwortung zu tragen und leiden, wenn ihnen zu wenig anvertraut wird. Der zweite Anker lässt erahnen, warum Herr X. so unvorsichtig vorgegangen ist und so wenig an Gefahren für sich und andere gedacht hat. Der Anker ›Totale Herausforderung‹ ist der typische Anker von erfolgreichen Projektmanagern. Menschen mit diesem Anker gehen hohe Risiken ein und haben wenig Angst. Sie lieben scheinbar unlösbare Aufgaben und langweilen sich schnell, wenn sich Routinen entwickeln. Herr X. definiert es als seine totale Herausforderung für die nächste Zeit, anschlussfähiger zu werden, auch mal langsam sein zu können, die Leute abzuholen, die er von seinen Ideen überzeugen will. Er trainiert täglich und es klappt, er hat seine Lektion gelernt und den Rauswurf gut verarbeitet.

Den ersten Termin nach einer langen Pause im Coaching, einer Zeit, wo er sich in den neuen Job eingearbeitet hat, nutzt er dazu, das anstehende Gespräch über eine Empfehlung für die Führungskräfteentwicklung vorzubereiten. Insgesamt hatten wir drei Sitzungen in der ersten Phase, dann zwei Sitzungen zur Karriereplanung nach dem Wechsel des Bereichs und dann zwei für die Begleitung der nächsten Phase.

Neu in diesem Coaching war für mich die Kooperation mit einem internen Coach. Ich war skeptisch, dass sich eine vernünftige Arbeitsteilung herstellen lässt, hatte Befürchtungen, dass sich die Psychodynamik oder Organisationsdynamik der Situation des Kunden zwischen uns aufspaltet oder die beiden Coaches nur einen Part widerspiegeln, man das Ganze aus den Augen verliert. Die Möglichkeit miteinander Kontakt aufzunehmen, sich über das jeweilige Vorgehen abzustimmen und sich auch über die Einschätzungen des Kunden auszutauschen, hat diese Befürchtungen zunächst beschwichtigt. Ich war in der ersten Phase froh, meine Wahrnehmungen mit jemandem überprüfen zu können, der die Kultur dieses Bereichs des Unternehmens besser kennt als ich. Genützt hat der Doppeleinsatz dem Kunden in dieser Phase allerdings nicht, er hatte schon gehandelt, bevor die Hilfssysteme greifen konnten.

Diesen Doppeleinsatz von Coaches kann man nur unter der Bedingung machen, dass der Kunde sie vom Gebot der Verschwiegenheit für diese speziellen Koordinationsgespräche entbindet, was kontraktiert werden muss. Hier wäre die Chance, mit ihm zu dritt ein Gespräch zu führen. Eine weitere Erfolgsbedingung ist, dass die Coaches nicht in die Konkurrenz gehen müssen und die Rollenzuschreibungen, die der Kunde macht, als Inszenierung seines Problems verstehen. Die beiden Coachingprozesse müssen immer wieder von ihnen zusammengeführt werden, – dafür ist der Kunde nicht verantwortlich – damit die Parallelität nicht kontraproduktiv wird.

6. Verspekuliert

6.1 Der Fall (Michael Kramer)

Der Kunde ist ein 42-jähriger Mann, der sich auf Empfehlung einer ehemaligen Coachingkundin bei mir meldete. Er meldet sich zunächst auf der Mailbox, seine Stimme gepresst, leicht panisch und, wie mir scheint, recht aggressiv. Er brauche sofort ein Coaching.

Der Kunde arbeitet in einem kleineren konfessionellen Krankenhaus und ist dort Chefarzt einer Abteilung. Neben dieser Abteilung gibt es noch eine wesentlich größere Abteilung. Die Situation ist die, dass demnächst die Stelle der Klinikleitung frei wird und er Interesse an dieser Position hat. Nach einem Gespräch mit einigen wichtigen Kollegen (u.a. der Personalvertreterin) hat er den Eindruck gewonnen, dass seine Bewerbung eher nicht gewünscht sei und deshalb zunächst Abstand von der Bewerbung genommen.

Nach bilateralen Gesprächen mit zwei Vertretern des Aufsichtsrates, von denen ihm der eine reserviert gegenüberstand, während die andere ihn in seinem Bewerbungsvorhaben unterstützte, entschied er sich, doch eine Bewerbung bei der Auswahlkommission einzureichen. Zunächst passierte zwei Wochen gar nichts und dann kam ein Brief (den er mitgebracht hatte) fast sämtlicher Mitarbeiter des Hauses außerhalb seiner Abteilung. Vom Chef der anderen Abteilung (dem Stellvertreter der Klinikleitung) bis hin zur Sekretärin hatten alle diesen sehr direkten und anklagenden Brief persönlich unterschrieben. Es wurde dort benannt, dass er an der Auswahlkommission vorbei intrigiert habe, dass er manipulativ und arrogant sei und dies im Übrigen sein grundsätzliches Verhalten widerspiegele. Man werde seine Kandidatur auf keinen Fall unterstützen.

Der Klient war geschockt. Im ersten Gespräch ist er noch voller Hass (»diese Idioten«) und möchte sich rächen. Die Mitarbeiter seiner Abteilung hätten nichts gegen ihn. Auf die Frage, was er im Coaching bearbeiten möchte, nennt er:
* Wie kann ich mit dieser Demütigung umgehen, zumal eine dreitägige OE-Klausur mit allen ins Haus steht?

- Die Differenzen zwischen dem erlebten Fremdbild und meiner bisherigen Selbsteinschätzung
- Soll ich dort weiter bleiben?

Das Verhalten des Kunden macht auf mich einen narzisstisch geprägten und recht selbstbewussten Eindruck. Er beschreibt sich als sehr leistungsorientiert und schnell. Sein Ziel ist es, mit mir die Klausur vorzubereiten, welche in vier Wochen stattfindet.

Ich bin eher zögerlich und sage ihm, dass ich diesbezüglich skeptisch bin, da er noch dermaßen voller Abwehr sei. Er solle sich das mit dem Coaching bei mir noch einmal überlegen. Am nächsten Tag ruft er an und will unbedingt weiterarbeiten. Wir verabreden zwei Termine vor der geplanten Klausurtagung.

Ein interessantes Phänomen zeigt sich zum Schluss der Sitzung. Er will fünf Minuten, in denen angeblich nicht gearbeitet wurde, mit dem Honorar verrechnen. Ich lasse mich darauf nicht ein. Nach drei weiteren Versuchen gibt er unwillig auf.

6.2 Kommentare

Kornelia Rappe-Giesecke

Ich möchte die Ereignisse dieses Falls zunächst auf der Ebene der Mikropolitik in Organisationen betrachten. Wie laufen Bewerbungsverfahren ab? Es wäre unklug, bei einer internen Bewerbung nicht zunächst auf der informellen Ebene zu versuchen, die Chancen auszuloten. Die Reaktion im Brief ist entweder naiv – bei uns gibt es nur formal korrektes Verhalten – oder ist als Machtpolitik zu verstehen. Der Leiter der anderen Abteilung will ihn nicht als Chef und unternimmt einen heftigen Versuch, ihn zu stoppen, er greift ihn persönlich an. Man könnte noch vermuten, dass es auch um natürliche Interessenkonflikte zwischen Abteilungen geht, etwa darum, welche Abteilung in der Führungsebene besser mit ihren Interessen repräsentiert ist. Auf der Ebene der Organisationskultur könnte man vermuten, dass der Kunde mit seiner Art in diese kirchlich geprägte Kultur nicht hineinpasst, und für einige dies eine gute Gelegenheit ist, ihn loszuwerden. So viel zum Verständnis des Falls auf der Ebene der Organisation.

Nun kommt er ins Coaching und ist völlig überrascht und erschüttert von der Wucht dieses Angriffs auf ihn. Er zweifelt an seiner Fähigkeit, die

Dinge wahrzunehmen und realitätsangemessen zu bewerten. Er ist so getroffen und gedemütigt, dass er sich überlegt zu gehen. Seine Gefühlslage wird ein Gemenge aus Wut, Rachegelüsten, Scham und Selbstzweifeln sein, die in die Alternative Kampf oder Flucht führt. In dieser Situation steht eine Klausur bevor, in der er sich öffentlich präsentieren muss, und alle Bescheid wissen.

Die Frage, die ihn vermutlich noch stärker verunsichert als die Reaktion der anderen Abteilung, die man in der oben beschriebenen Weise leicht einordnen könnte, ist die danach, was die Mitarbeiter in seiner Abteilung wirklich über ihn denken: »Würden Sie den Brief auch gerne unterschreiben und trauen sich nur nicht, weil ich ja möglicherweise ihr Chef bleibe?« »Irre ich mich in meiner Einschätzung, dass sie nichts gegen mich haben?« »Stehe ich eigentlich schon ganz allein da?«

An diese Frage müsste man sich im Coaching herantrauen. Wenn er sie nicht stellen würde, würde ich sie ihm anbieten. Dann würde ich mit ihm daran arbeiten, wie er Realität in seine Einschätzung bringen kann, mit wem er Gespräche führen kann, um sich Klarheit zu verschaffen. Mein Eindruck ist, dass er erst einmal klären muss, ob er seine Abteilung hinter sich hat, bevor er sich entscheidet, seine Bewerbung aufrechtzuerhalten und zu kämpfen oder zu flüchten. Zu diesem Zeitpunkt empfinde ich den Kampf der Abteilungsleiter als noch nicht entschieden, vielleicht wiederholt sich auf dieser Ebene auch nur ein Kampf im Aufsichtsrat.

Zu seinen Themen:

Wie kann er mit der Demütigung umgehen? Ob er die Kampfansage anders erleben kann denn als Demütigung, wäre eine Möglichkeit, ihm eine andere Perspektive zu eröffnen, ein Reframing seines Problems. Kann man es nicht als das Einstecken eines Schlages, den man bekommen kann, wenn man selber schon ausgeteilt hat, verstehen? Oder als einen Angriff, mit dem man kampfunfähig gemacht wird, wenn man droht, die Macht an sich zu reißen? Oder anders formuliert: Wer spekuliert, hohe Einsätze wagt, wird mit Verlusten rechnen müssen.

Das Thema Differenzen zwischen Selbst- und Fremdbild: Er wird als arrogant bewertet, der Coach schildert ihn als narzisstisch und eingebildet, er ruft also in der Gegenübertragung Gefühle hervor, die dazu verführen, ihn zu be- und entwerten. Die Unterzeichner des Briefes empfinden ihn als überheblich und arrogant. Er schildert sich als schnell und leistungsorientiert, die anderen empfindet er dann vermutlich als das Gegenteil. Nun ist er in der anderen Position, er wird abgewertet. Diese wechselseitigen Kränkungen können schnell weiter eskalieren.

Kann er sich zu diesem Zeitpunkt wirklich schon mit der Psychodynamik auseinander setzen, die er in Gang setzt, und mit den Kosten seiner Entscheidung, Beziehungen auf eine bestimmte Weise zu gestalten? Ich stelle mir vor, was geschieht, wenn er den Coach weder als beschwichtigend und für ihn Partei ergreifend erlebt noch als bereit, in das Muster der wechselseitigen Entwertungen einzusteigen. Die Verführung ist da, das zeigte auch die Dynamik in unserer Gruppe: Amüsiertheit, Schadenfreude. Wenn der Kunde im Coaching erlebt, dass man sich den schmerzhaften Seiten des Auseinanderfallens von Selbst- und Fremdeinschätzung stellen kann, wird er ermuntert, sich dem auch in seinem Berufsalltag zu stellen.

Die Antwort auf die letzte Frage nach dem Gehen oder Bleiben kann sich erst ergeben, wenn die anderen beantwortet sind.

Die Falldarstellung löst zunächst viele Fragen zu der Motivation des Kunden aus. Wozu sucht der Kunde um ein Coaching nach:

- Ist er durch die Situation und seine Fehleinschätzung emotional so erschüttert, dass er für sich eine Klärung braucht?
- Will er seinen Rachefeldzug optimieren?
- Will er sich auf die Erarbeitung einer Strategie beschränken, um doch noch an sein Ziel zu kommen?
- Sind die drei ›offiziellen‹ Fragen (Demütigung, Selbstbild vs. Fremdbild, Bleiben vs. Gehen) ernst gemeint, und lässt er die damit verbundenen Risiken zu?

Die Situation ist sehr speziell und lädt zu verschiedenen Hypothesen ein: In einer kirchlichen Einrichtung wird eine gemeinsame Stellungnahme der Mitarbeiter durch mehrere Ebenen gegen die Karrierewünsche eines wichtigen, leitenden Mitarbeiters erstellt, in der zudem weitgehend Klartext geredet wird. Was muss man tun – so fragt man sich – , wie muss man sich verhalten, um in dieser Organisation eine so koordinierte, emotional getönte, wirksame Aktion außerhalb jedes ›offiziellen Programms‹ auszulösen?

Folgende Annahmen und Überlegungen haben sich mir aufgedrängt:

1. Mit dem Kunden ist dessen narzisstisch beflügelter Ehrgeiz so gründlich durchgegangen, dass er beim Schmieden seiner Ränke die Reaktion seiner Umgebung überhaupt nicht mehr im Blick behalten hat.
2. Der Kunde hat dramatische Probleme mit dem Abgleich von Fremd- und Selbstwahrnehmung: Was in der Selbstwahrnehmung seines Verhaltens als harmlose Recherche seiner Wahlchancen erscheint, wird

von außen als Manipulation und Schmieden von Seilschaften gewertet. Dies spiegelt grundlegende Wahrnehmungsunterschiede wider, die sich offensichtlich auch nicht erst in dieser Situation gezeigt haben.
3. Der Kunde ist vielleicht besonders raffiniert, schätzt seine Schwierigkeiten gut ein, wertet sie vielleicht als notwendige Reibung einer erfolgreichen Führungskraft und spannt einen Coach zur Optimierung seiner bisherigen Strategien ein, die er im wesentlichen aber unverändert lassen will.

Alle drei Möglichkeiten führen zu schmerzhaften Erkenntnissen mit den daraus erwachsenden Konsequenzen: bei letzterer Annahme deshalb, weil der Coach ihm rasch auf die Schliche kommen wird.

Matthias Lauterbach

Hinter der ganzen Geschichte zeigt sich ein Mensch, dessen emotionale Reaktion von mir als einem weit außen Stehenden (eines Hörers/Lesers einer über Dritte vermittelten Geschichte) merkwürdig widersprüchlich erscheint:
Einerseits kommt so etwas wie Schadenfreude auf: Da ›saut‹ einer auf der Beziehungsebene durch die Organisation, erhält – was selten genug passiert – die kollektiv erstellte Quittung und zeigt sich dann auch noch geschockt, eher mit einem anklagend-aggressiven, als mit einem angemessen schuldbewussten Tenor.
Andererseits erscheint die Fehleinschätzung der Situation durch den Kunden so gravierend, dass sich hier Abgründe von fehlender Führungskompetenz, insbesondere auf der Ebene persönlicher Reife und sozialer Kompetenz aufzutun scheinen. Dies löst eher besorgte Fragen aus: Was ist das für eine Organisation, in der Menschen mit solchen Defiziten Führungspositionen bekleiden, sich selbst sogar im Topmanagement sehen? Welche Feedback-Schleifen stehen zur Verfügung, um solche Fehlentwicklungen und möglichen persönlichen Tragödien zu verhindern?
Die aufkommende Besorgnis wird dann allerdings rasch abgelöst durch einen aufkommenden Ärger: Die massive Intervention der Mitarbeiter führt offenbar eher zum Hass des Kunden auf diese und zu der Tendenz, zur Tagesordnung überzugehen (Vorbereitung der Klausurtagung). Will er auf der Tagung dann weitermachen wie bisher, so tun als pralle die Kritik an ihm ab, als sei das sogar der von ihm zu zahlende Preis für seine exzellen-

ten Führungskompetenzen – Entwertung der anderen zum Aufbau des potemkinschen Dorfes eines hohen eigenen Wertes? Jede andere Lösung, jede andere Message an die Mitarbeiter würde von ihm eine persönliche Größe verlangen, die man ihm nicht so recht zutraut. Die ärgerlichen Gefühle verstärken sich, wenn berichtet wird, dass er in der Beziehung zum Coach ähnliche Beziehungsspiele beginnt, wie der Versuch des Verrechnens nicht abgearbeiteter Minuten, was durchaus als Entwertung des Coachs verstanden werden kann.

Interessante Fragen ergeben sich für diesen Coachingprozess einerseits aus der emotionalen Gemengelage, die sich in der Beziehung zwischen Coach und Kunde zeigen könnte und aus dem Persönlichkeitsprofil des Kunden und der Frage seiner Eignung für Führungsaufgaben.

Die Gestaltung der Beziehungsebene zwischen Coach und Kunde dürfte für diesen Coachingprozess von besonderer Bedeutung sein. Offenbar fehlen dem Kunden offene, direkte und deutliche Rückmeldungen zu den Folgen seiner Verhaltensweisen auf der Beziehungsebene. Dies wäre mit ihm als ein konsequent und kontinuierlich eingesetztes methodisches Instrumentarium zu vereinbaren (›Beziehungsarbeit‹). Nur wenn der Kunde sich darauf einlässt, hat er einen wesentlichen Lerneffekt aus dem Coaching zu erwarten. Ich bin nicht sicher, ob es das ist, was er will. Sein Auftrag klingt zu stark nach »Lass uns einen Weg finden, diese Schmach schnell wieder auszubügeln«. Die Rückmeldung des Coaches, sich noch einmal die Entscheidung für den Coachingprozess zu überlegen, ist eine wichtige Intervention, die signalisiert: »Da kommt mehr auf dich zu, als du ahnst.« Sie öffnet die Option für eher konfrontative Interventionen im Sinne von Rückmeldungen über das Beziehungserleben.

Das Thema der Führungskompetenz ist dann Teil der Beziehungsarbeit mit dem Coach: Welche Entwicklungsschritte muss man von dem Kunden erwarten (persönliche und soziale Kompetenz), was muss ihm rückgemeldet werden, wenn er an seinem Ziel, weiter als Führungskraft Karriere zu machen, festhält? Was ist ihm möglicherweise zusätzlich zum Coaching zu empfehlen, um sich auf diesem Gebiet fit zu machen?

Insgesamt bleibt bei mir eine gewisse Skepsis bezüglich des Erfolgs eines Coachings, die aus der abwehrenden Reaktion des Kunden auf die massiven Rückmeldungen seiner Mitarbeiter resultiert. Möglicherweise ist aber der Druck durch die ihn offenbar völlig überraschende Kränkung Anlass, sich der Auseinandersetzung mit der eigenen Persönlichkeit zu stellen.

Das Anliegen des Klienten, sich in dieser angespannten Situation erst einmal auf die Klausur vorzubereiten, finde ich absolut verständlich und mich erstaunte eher die zögerliche Haltung des Coaches dazu. Dass er zunächst in Widerstand zu einer unerwarteten und unerwartet negativen Rückmeldung ist, ist nachvollziehbar und die von ihm für den Coachingprozess formulierten Leitfragen sind klug und recht umfassend gestellt.

Das Thema Selbstbild vs. Fremdbild scheint mir hier den interessantesten wie sinnvollsten Einstieg zu bilden. Wenn er vor der Klausur nicht davonlaufen, sondern sich stellen will, muss er dieses Thema zumindest begonnen haben. Ich teile die Einschätzung des fallgebenden Kollegen, dass es für einen narzisstisch veranlagten Menschen nicht möglich sein wird, das in vier Wochen zu verarbeiten. Aber Wut und Aggression sind ja auch positive Beschleuniger, und so wäre es in einem ersten Schritt sinnvoll, sich nach dem Erlebten von seiner eigenen Mannschaft ein ehrliches Feedback einzuholen. Die Gelegenheit scheint günstig. Denn entweder war das Stillhalten der eigenen Mitarbeiter Feigheit, was ich vermute. Dann werden sie in dieser Situation aus der Deckung hervorkommen, und das wird ihn nicht mehr umwerfen, sondern in Bezug auf den fehlenden Rückhalt in der Organisation Klärung bringen. Wenn sie ihn wirklich anders beurteilen, dann wird ihm das eine Stütze sein können. Beide Informationen sind für seine (späteren) Überlegungen, ob er im Hause bleiben sollte, extrem wichtig. (Ich will hier nicht verhehlen, dass ich nach dieser Ausgangsbeschreibung dem Mann nicht wirklich eine Chance gebe …).

Wenn die Etikettierung »narzisstisch« ihre Berechtigung hat, dann wird die Verarbeitung der Kränkung natürlich nicht einfach sein, aber sicher notwendig im Hinblick auf seinen weiteren Berufsweg – unabhängig davon, ob er in der Organisation bleibt oder nicht. Ihm hilft hier sowieso nur eine konsequente Vorwärtsstrategie, in der man ihn unterstützen sollte, in aller Offenheit die Klärung zuerst in seiner eigenen Abteilung herbeizuführen und dann nach (und zum Teil sicher auch schon während) der Klausur mit der restlichen Organisation.

Es ist interessant, bei der Fallbearbeitung an mir selbst zunächst eine Solidarisierung mit dem Klienten zu beobachten, was auch in der Falldiskussion unter den Kollegen ähnlich lief. Bei aller Distanz zur Umfeldreaktion muss man den Coachee in jedem Falle mit der Problematik des ›Nicht-Erkennens‹ seiner Umfelddynamik‹ konfrontieren, für die hier der Begriff ›Beziehungsblindheit‹ eine gewisse Berechtigung zu haben scheint. Ich würde die Möglichkeit, dem Klienten neben oder nach dem Coachingprozess eine Therapie zu empfehlen, im Auge behalten – zu Beginn der Beziehung wäre dies vermutlich wenig chancenreich.

Auffällig an der Falldarstellung ist mir, dass das Thema Qualifikation im Zusammenhang einer schwierigen Bewerbungssituation keine Rolle spielte. Es wird wenig dazu gesagt, wie der Klient zu seiner Position kam, welches Feedback er denn bisher erhalten hat (und ob überhaupt!).

Die Organisation scheint ein Hort von unterschwelligen Beziehungsdynamiken zu sein, die dann bei Gelegenheit an die Oberfläche kommen. Ich halte es für das Zeichen einer sehr problematischen Organisationskultur, wenn

- für den Großteil der Mitarbeiter eine derart massive Mobilisierung und Einflussnahme auf die Findungskommission nötig (und möglich) zu sein scheint;
- das Feedback an die Führungskraft derart unvorbereitet nötig wird.

Und so würde in einer späteren Phase der Beratung sicher auch herauszuarbeiten sein, ob Klient und Kultur kompatibel sind – ich glaube es eher nicht.

Der Fall scheint besonders geeignet, über verschiedene Organisationskulturen in verschiedenen Organisationstypen zu reflektieren, wobei sich mir die Unterscheidung in Profit- und Non-Profit- und da weiter in soziale und kulturelle Organisationen aufdrängt: Kulturen mit einer starken Sinn-Identität (wie das in kirchlichen Institutionen meist der Fall ist) haben eine Neigung, die materielle und oft auch die soziale Ebene stiefmütterlich zu thematisieren oder durch getönte Brillen zu behandeln: Der Hinweis, dass viele Kollegen sein Verhalten als intrigant werten, scheint mir in diese Richtung zu weisen. Ich kann an seinem Vorgehen nichts Intrigantes entdecken; es ist eine sinnvolle Vorsichtsmaßnahme, sich im Vorfeld der Bewerbung bei den ›Mächtigen‹ der Organisation zu erkundigen, ob er von diesen eine Chance bekommen würde. Dies zeugt von einem gewissen Realitätssinn, nicht aber die folgende Entscheidung, bei den widersprüchlichen Rückmeldungen diejenige aufzugreifen, die seinem ursprünglichen Impuls zuwiderläuft. Auch bei der Bearbeitung dieser Thematik wird man sich möglicherweise im Grenzbereich zwischen Therapie und Coaching wiederfinden.

Einen guten Platz kann der Coach aber sicher als Unterstützer zur akuten Krisenbewältigung bis zur Klausur einnehmen. Denn der Klient steht unter dem hohen Druck, eine für sich selbst stimmige und für das Umfeld respektable Figur abgeben zu müssen. Dass die eher zögernde Haltung des Coaches im Erstgespräch dazu eine gute Grundlage bietet, lässt die schnelle positive Reaktion des Klienten vermuten. Er weiß so, dass er einen Coach bekommt, der sich nicht zu schnell auf seine Seite stellen (und damit manipulieren lassen) wird.

Sebastian Krapoth

Der Klient hat auf der Mailbox eine gepresste Stimme, dem Eindruck des Coaches nach klingt sie nach unterdrückter Aggression. Sollte dieser Eindruck zutreffend sein, lassen sich evtl. Parallelen zu den Vorgängen im Gesamtsystem finden, in dem sich der Klient bewegt.

Auf ein aus meiner Sicht nicht ungewöhnliches Verhalten des Klienten, vor einer wichtigen offiziellen Bewerbung diverse Klärungsgespräche zu führen (ein Verhalten, das hier als intrigant und manipulativ erlebt wird), folgt ein Brief mit zahlreichen Vorwürfen und Vorhaltungen sämtlicher Mitarbeiter des Hauses. Hier sind entweder ebenfalls aggressive Impulse gegen den Klienten massiv unterdrückt worden (und treten jetzt plötzlich mit dieser höchst ungewöhnlichen, fast brutalen Geste zu Tage) und/oder der Klient hat hier mehrere blinde Flecken, Signale nicht erkannt und generell ein Selbstbild, das der Fremdwahrnehmung absolut nicht entspricht.

Letzteres wird mit Sicherheit eine Rolle spielen, dennoch glaube ich, dass es nützlich sein kann, die in der kirchlichen Institution herrschende Kultur und deren Einfluss auf die Ausgangssituation genauer zu betrachten.

Die Fragen, die der Klient selbst formuliert und im Coaching bearbeiten möchte, zeugen schon von einer größer gewordenen Einsicht und Klarheit. Genau diese Fragen stehen aus meiner Sicht auch an. Es macht Sinn, die Klausur sorgfältig vorzubereiten und Fragen zu reflektieren, die sich auf den Umgang mit den Vorkommnissen beziehen (Macht man es bei der Tagung direkt zum Thema? etc.).

Dass offensichtlich eine Diskrepanz zwischen Selbst- und Fremdwahrnehmung beim Klienten besteht, hat dieser selbst schon erkannt. Dies ist schon der erste Schritt in die richtige Richtung. Vom Coach wird hier die Fähigkeit zur Konfrontation, zu ehrlichem Feedback und kritischem Hinterfragen gefordert sein.

Die dritte Frage, ob der Klient beruflich an seiner Funktion festhalten und dem Hause treu bleiben soll (und will), kann der Klient erst im Lauf des Coachings, voraussichtlich nach Bearbeitung der ersten Themen beantworten. Dabei sollte natürlich auch der Verlauf der Klausur und die Stimmung in der Klinik dem Klienten gegenüber abgewartet werden.

Bleibt die Frage, warum der Coach diesem Auftrag gegenüber so ablehnend und zögerlich ist. Dass der Klient sich erst einmal so verhält, wie er es tut, ist aus meiner Sicht zum Teil aus der Situation erklärlich (wer sich – warum auch immer – so vor den Kopf geschlagen fühlt, spürt auch aggressive Impulse in sich und lässt das seine Mitmenschen möglicherweise gewollt oder ungewollt spüren). Darüber hinaus liefert sein Verhalten schon wertvolle diagnostische Hinweise für die Gesamtsituation. Vielleicht ist es einfach eine Frage von Sympathie – zumindest der Klient scheint nach dem Erstgespräch weitere Unterstützung des Coaches gerne in Anspruch nehmen zu wollen.

Christine Kaul

Den Schock des Kunden auf den Brief der Mitarbeiter, dies muss ich zunächst einmal feststellen, kann ich verstehen: Auch ich bin überrascht darüber, dass eine Bewerbung, an eine Auswahlkommission gesandt, innerhalb von 14 Tagen anscheinend in der ganzen Klinik bekannt ist. Da wurde offensichtlich schwer gegen Vertraulichkeit von Bewerbungen verstoßen – in welch einem Umfeld bewegt sich der Kunde, dass solche Vertrauensbrüche möglich sind?

Das Verhalten des Kunden hat – bis zu diesem Zeitpunkt und so weit wir wissen – nichts Intrigantes, noch nicht einmal Ungewöhnliches an sich. Was liegt näher und ist vernünftiger, als sich vor einer Bewerbung hausintern bei den jeweiligen Stakeholdern zu informieren, wie sie die Chancen sehen und ob sie einer Bewerbung wohlwollend oder kritisch gegenüber stehen. Die kritische Haltung einiger Kollegen ließ ihn ja auch zunächst von der Bewerbung Abstand nehmen, ganz so wie man das von einem besonnen Agierenden erwarten kann, der einen Selbstbild-Fremdbild-Abgleich sucht.

Die protestierenden Briefschreiber handeln auf dem Hintergrund einer gemeinsamen Geschichte mit dem Kunden – die Geschichte selbst kennen wir zunächst nicht und sie kann je nach Erzähler sehr unterschiedlich aussehen: Hat sich der Kunde in der Vergangenheit intrigant, arrogant und manipulativ verhalten, dann ist sein Orientierungsverhalten in Sachen Bewerbung ein weiterer Beweis für sein Sosein. Hat der rivalisierende Kollege in der Vergangenheit immer wieder Stimmung gegen den Kunden gemacht, dann ist dies ein weiterer Beweis für sein skrupellos konkurrierendes Verhalten.

Oder ist alles nur das In-Szene-Setzen gegenseitigen Misstrauens, das aufgrund geringer Kommunikationshäufigkeit, räumlicher Trennung, fachlich divergierender Meinungen etc. entstanden ist? Damit wäre das Geschehen die lehrbuchhafte Abbildung einer typischen und überindividuellen sozialen Dynamik (selbstverständlich mit individuellen Ornamenten versehen).

Da es keinen Konsens über die ›Wahrheit‹ gibt, sollte der Coach der Einfachheit halber davon ausgehen, dass alle irgendwann einmal guten Willens in die gemeinsame Lebens- und Arbeitsgeschichte gestartet sind und die letztgenannte Variante die wahrscheinlichste ist. Und die darüber hinaus diejenige ist, deren (guter und böser) Fortgang jetzt, wie sich die Dinge fügen, vom Kunden eigenverantwortlich, bewusst und besonnen mitgestaltet werden kann: Es steht eine Klausur aller an. Diese Chance sollte der Kunde nutzen können, um seine Position im System zu erkennen und zu reflektieren, sein Selbstbild einer Realitätsprüfung zu unterziehen und darüber nachzudenken, was er tun kann, um zerbrochenes Porzellan zu kitten.

Hierzu braucht er unbedingt die vorausgehende Unterstützung eines Coaches, mit dem er die eigenen Anteile an der eskalierten Konfrontation bedenken kann und was das für sein Verhalten bei der Klausur bedeuten kann.

Die drei Fragestellungen, die er formuliert, sind berechtigter- und vernünftigerweise vor der Klausur zu klären:

1. Ja, offensichtlich gibt es Fremd-/ Selbstbild-Differenzen
2. Ja, es ist zu fragen, ob er sich weiter in einer Unternehmenskultur bewegen möchte, die selbst bei formalen Vorgängen wie Bewerbungen vertrauensbrüchig ist.
3. Warum empfindet er einen offen aggressiven Akt als »Demütigung«? Vielleicht sollte man mit ihm über Demut sprechen?

6.3 Theoretischer Hintergrund

Coaching in Tendenzbetrieben I

(Kornelia Rappe-Giesecke)

Wenn ich von einem Tendenzbetrieb als Organisationsberaterin angefragt werde, ist die Frage »Wie stehe ich zur ideologischen Ausrichtung der Organisation oder des Unternehmens?« für mich einfacher zu beantworten als für ein Coaching. Ich kann nur dann eine Organisation beraten, wenn ich ihre Ziele akzeptiere, da ich mit meiner Arbeit letztlich dazu beitragen soll, dass sie erreicht werden und die Organisation ihren Auftrag erfüllen kann. Wenn ich den Auftrag habe, ein Coaching mit einem Mitglied eines Tendenzbetriebs machen, dann ist erst einmal zu unterscheiden, ob der Kunde selbst der Auftraggeber ist oder die Organisation. Wenn die Organisation mich beauftragt, stellt sich für mich die gleiche Situation wie in der Organisationsberatung her. Im ersteren Falle gehört für mich in das Sondierungsgespräch die Klärung, ob der Kunde einen Coach sucht, der eine Nähe zu dieser Organisation hat, die Ideologie kennt und teilt oder ob er jemanden sucht, der eine kritische Distanz zu dieser Organisation hat. In der Wahl der Coaches zeigt sich die Bedeutsamkeit oder Unwichtigkeit des Themas der Werte und des Weltbildes für das Coachingthema. Die eigene Positionierung zur Ideologie der Organisation wird, wenn es ein Thema des Kunden ist, auch zum Thema des Coaches werden. In jedem Fall fordert ein solcher Auftrag dazu heraus, mir meine eigenen mentalen Modelle, die ich mir von dieser Art von Tendenzbetrieben gebildet habe, bewusst zu machen. Wenn ich mich nicht allparteilich verhalten kann und auch die Position der Organisation einnehmen kann, sollte ich diesen Auftrag ablehnen. Dies sind Fragen, welche die Ethik der Beratung betreffen.

Wenn man die Idee des »normativen Managements«, die dem St. Galler Managementkonzept zugrunde liegt (Bleicher 1994), ernst nimmt, dann hat oder braucht jedes Unternehmen eine Philosophie, die den sozialen Sinn des Unternehmens, seine Legitimation, die es aus dem Nutzen für seine Anspruchsgruppen zieht, beschreibt. Man kann dies auch als Mission verstehen (Bleicher 1994, 46). Für den Coach stellt sich immer die Frage, ob er diese Mission, sei sie implizit oder explizit in Form eines Leitbildes oder einer Unternehmensphilosophie niedergelegt, unterstützen will. Als Coach, der einen Auftrag von einem Tendenzbetrieb bekommt, erlebe ich jedoch eine größere Dringlichkeit, mich dazu zu positionieren als bei Aufträgen von anderen Organisationen oder Unternehmen.

Coaching in Tendenzbetrieben II
(Reinhard Billmeier)

Ich finde den Gedanken interessant, jeden Betrieb als Tendenzbetrieb zu betrachten, weil ja immer Werte in einer mehr oder weniger klar ausgesprochenen Kultur verkörpert werden, und gerade darüber nur selten reflektiert wird. Insofern kann es im Coaching auch immer ein Thema werden, dass die Werte des Klienten mit denen der Organisation nicht (mehr) übereinstimmen. Zumal in größeren Organisationen ist auch gar nicht zu erwarten, dass es eine monolithische Wertekultur gibt. In den Zeiten der größten Shareholder-Value-Diskussion hatte ich mehrfach mit Führungskräften zu tun, die eine solche Ausrichtung im Topmanagement/Vorstand sehr kritisch sahen, bis hin zum Gewissenskonflikt.

Hier wird wieder das Thema des Auftragsdreiecks (s.o. Theoriekarte ›Dreieckskontrakte‹ Fall 4) wichtig: Mindestkonsens muss sein, dass die formal beauftragende (und bezahlende) Stelle sich dazu klar geäußert hat, dass ein Mitarbeiter, der mit den Werten des Unternehmens nicht wirklich leben und diese vertreten möchte, besser woanders seine Energien einsetzt, als letztlich in innere Kündigung zu gehen. Insofern sollte es auch grundlegender Konsens in dieser Konstellation sein, dass der Coach eindeutig für den Klienten – und ggf. für dessen Outplacement – arbeiten darf. In meiner langjährigen Tätigkeit habe ich diese Befürchtung von Klienten und Organisationen mehrfach gehört, aber in keinem einzigen Fall hat das dann eine Rolle gespielt.

Die Situation ist natürlich anders zu beurteilen, wenn dies bereits zu Beginn des Coachings eine reale Überlegung ist (s.o. Fall 4). Ansonsten dient es ganz enorm der Befreiung von Tabus, wenn ich als Coach mit vollem Ernst die Frage stellen kann: »Haben Sie schon einmal darüber nachgedacht, wegen dieser Situation/Konstellation das Unternehmen zu wechseln?« – ohne im Hinterkopf haben zu müssen, dass dann der Kontrakt nicht mehr stimmt.

Echte Tendenzbetriebe würden gut daran tun, es ihren Mitarbeitern nahe zu legen, sich in Krisensituationen mit Menschen zu beraten, die dem Unternehmenssinn zwar nicht feindlich, aber durchaus mit der Fähigkeit zur kritischen Distanz gegenüberstehen. Die Klärung wird dann – auf der Ebene der Werte – tiefer reichen.

In unserer AG spitzte sich die Frage einmal so zu: Würden Sie in einem Rüstungsbetrieb coachen? Ich glaube kaum, dass sich jemand aus dieser Ecke zu mir verirren würde, und ich bin mir über meine Reaktion dann nicht wirklich sicher. Ich fände es aber in jedem Fall sehr anspruchsvoll, diesem Menschen mit seinen individuellen Fragen ein seriöses Gegenüber zu sein, das nicht aus einer Vorurteilshaltung heraus die Werte vor den Menschen stellt, sondern in einem ehrlichen Erkundungsprozess Fragen stellt und zu deren Beantwortung beiträgt.

Coaching in Tendenzbetrieben III
(Michael Kramer)

Beratung und Coaching in Tendenzbetrieben (z.B. Gewerkschaften, Kirchen oder politische Parteien) erscheint oft schwierig, da in vielen Fällen die Veränderungsbereitschaft nicht allzu hoch ist, die Beharrungskräfte groß und die Bereitschaft bzw. Fähigkeit neue Figuren zu bilden und alte ideologiebesetzte über Bord zu werfen nicht übermäßig ausgeprägt ist. (s.u. Theoriekarte ›Gestaltzyklus‹ Fall 11) Hier wird oft in Schwarz-Weiß oder Freund-Feind gedacht und somit eine Weiterentwicklung behindert.

Die Arbeit beginnt oft weit vor der operativen Ebene mit der Frage nach der Kultur und den Spielräumen des vor uns liegenden Prozesses an sich sowie der dortigen Rollenverteilung. Gelingt dies gut und können die dortigen Vereinbarungen zwischen Coach und Kundensystem immer wieder an die Oberfläche geholt werden, nimmt der weitere Prozess der Beschäftigung mit den inhaltlichen Fragestellungen eine oft rasante Entwicklung.

Intuition I
(Reinhard Billmeier)

»Intuition, die, plötzliche Eingebung, ahnendes Erkennen neuer Gedankeninhalte, besonders auf künstlerischem Gebiet.« (Brockhaus)

»Intuition bezeichnet die Begabung, auf Anhieb eine Sache zu verstehen und zu verinnerlichen, ohne sich vorher mit ihr erzieherisch oder akademisch auseinandergesetzt zu haben.« (Net-Lexikon).

»Intuition kann sich nur in naiver Weise beweisen, sie zerfällt bei Hinterfragung [...] Das menschliche Denken ist nicht intuitiv, sondern diskursiv.« (Kant, nach: Net-Lexikon)

Schade – aber es war zu erwarten, dass dieser Begriff keinen einfachen Zugang gewährt. Im allgemeinen Sprachgebrauch benutzt man das Wort eben im Umkreis von Begriffen wie Gefühl, Ahnung, Inspiration und Phantasie – und in Abgrenzung zu Rationalität und Intellekt.

Ich selbst begreife Intuition als eine wichtige Ebene von Orientierung und Entscheidungsfindung, über die nachzudenken besonders dann spannend wird, wenn sie in Widerspruch zu anderen gerät, wie Rationalität oder – seltener – Erfahrung; und zwar sowohl innerhalb der Person als auch in einer Beziehung wie zwischen Coach und Klient (oder Auftraggeber).

Mit intuitiven Einsichten arbeiten bedeutet, Wissen aus Quellen zu schöpfen, die im Wertehintergrund der humanistischen Psychologie einen festen Platz haben – durchaus im Widerspruch zum (psycho)analytischen oder verhaltenstherapeutischen Hintergrund und oft auch im Widerspruch zu Kundensystemen, in denen oft nur *facts and figures* zählen.

Gerade zu Beginn eines Prozesses, wo die ›rationalen Daten‹ noch spärlich und mögliche falsche intellektuelle Spuren (Rationalisierungen des Klienten) besonders zugänglich sind, hat die intuitive Sicht auf die Situation (»Könnte es auch sein, dass ...«) eine hohe Bedeutung.

Einfach ist es, wenn Klienten selbst solche Brüche oder Widersprüche in sich erleben, denn dann ist die Basis einer Metakommunikation dazu vorhanden. Schwieriger wird es, wenn ich mit meiner Intuition als Coach alleine bleibe. Zunächst folge ich in meinen Beratungsoptionen (meinen Suchrichtungen) immer diesen intuitiven Impulsen. Die Reaktion des Klienten und der weitere Prozess zeigen, ob sich eine sofortige oder manchmal auch verzögerte Resonanz einstellt. In Fällen, wo eine vermeintliche Intuition für eine bestimmte Thematik bleibt, der Klient bei wiederholter Ansprache dies aber zurückweist, kann eine Eigensupervision angeraten sein: Es besteht die Möglichkeit, dass mein Impuls auf eigenen unverarbeiteten Gefühlen beruht.

Noch ein Satz zur Entwicklung von Intuition. Ich bin zutiefst davon überzeugt, dass man sie nicht ›erlernen‹ kann. Wohl aber kann man der Intuition entgegenstehende Prozesse, wie schnelle und systematische rationale Hypothesenbildung, wie wir das in Schule und Universität eingetrichtert bekommen, abbauen lernen. Nicht um dies nicht zu nutzen, sondern um beides nutzen zu können. Die ›innere Stimme‹ meldet sich leise und kann leicht überhört werden. Meditation ist, ebenso wie manche spirituelle Techniken östlicher oder sogenannter primitiver Kulturen, ein Weg zur Wahrnehmung intuitiver Qualitäten.

Und hier noch mal zu Kant: Es gibt andere Erkenntniswege, neben dem Denken.

Intuition II
(Christine Kaul)

Wenn man sich über Jahre mit ähnlichen Problemstellungen beschäftigt, z.b. dem Schachspiel, bahnen sich im Gehirn zunehmend dichtere Strukturen, die assoziativ die Regionen verbinden, die zur Bearbeitung des Problems nötig sind. So gelingt es einem Experten im Schachspiel mit einem Blick die Konstellation des Spielstandes zu erfassen und ein/zwei Erfolg versprechende Züge zu identifizieren. Gleichzeitig antizipiert er mögliche Reaktionen auf diese Züge. Das alles geschieht ohne bewusstes rationales Nachdenken und sehr schnell. Die Ratio taucht erst auf, wenn man den Schachspieler nach dem Zug bittet, zu erklären, warum er diesen Zug wählte. Die Gehirnregionen, die beim Post-factum-Erklären innerviert sind, sind andere, als die, welche an der Entscheidung beteilgt waren. Zur Problemlösung sind andere kognitive Prozesse nötig, als zum Erkennen und Lösen eines Problems, jedenfalls beim Experten, nicht aber beim Schachanfänger.

Das heißt, die Kenntnis des Problemraumes erlaubt es, bestimmte wiederkehrende Muster sofort zu identifizieren und darauf zu reagieren: das ist Intuition (vgl. Dreyfus/Dreyfus: Mind over Machine, 1986).

»Ich möchte jetzt also annehmen, dass die menschliche Intuition so etwas ist wie der Ausdruck eines neuronalen Netzes in uns. Von Kindesbeinen an wird dieses neuronale Netz in uns trainiert. Immer wieder überlegen und phantasieren wir, führen Selbstgespräche in Tagträumen oder Rollenvorstellungen. Wir denken und denken und reagieren und lernen. Mathematisch gesehen verändern wir fortwährend die Gewichte im neuronalen Netz (biologisch: Wir verstärken oder schwächen die Nervenbahnen im Gehirn. Das Ganze ist also eine in vielen Jahren angewachsene ungeheure Kathedrale von Gewichtsdaten (oder Nervenstrangattributen).«

(Dueck: Das intuitive Denken des wahren Menschen: Wie neuronale Netze; in: Omnisophie 2002, 134)

Arbeit mit Gefühlen und Intuition
(Michael Kramer)

Die eigenen Gefühle und intuitiven Impulse des Coaches sind ein wesentliches diagnostisches Mittel, welches Aussagen darüber zulässt, was der Kunde in seinem Umfeld auslöst, intendiert oder auch erlebt, bewusst oder unbewusst. So sind sie unmittelbare Steuerungsgrößen für unsere Interventionen.

Die aufgrund unserer Gefühle und Intuitionen entstehenden Bilder sind die Landkarte, unsere Landkarte, einer Situation und der darin wandelnden Personen. Sie *sind* nicht diese Situation oder die Menschen selbst. So sind sie keine Quelle für bloßes Agieren, das dann nichts anderes als Ausagieren wäre. Das entstandene gefühlsmäßige, intuitive Wissen muss immer verifiziert werden z.B. durch Rückkopplungsschleifen. Dort, wo der Klient dies (noch) nicht zulässt, kann dieses Wissen durch Experimente und Reaktionen auf Interventionen überprüft werden.

6.4 Wie es weiterging

Der Kunde bearbeitete im Coaching seine Haltung zu den anderen Beteiligten und beschäftigte sich mit seinen Verantwortungsanteilen an dieser Situation, die durchaus nicht neu/einmalig für ihn war.

Die Klausur (dreitägige Strategie- und OE-Klausur) konnte er erfolgreich mitgestalten. Wir hatten noch eine Abschlusssitzung und kamen zu dem Schluss, dass er die tieferliegenden Persönlichkeitsaspekte im Rahmen einer Therapie angehen wollte.

7. Letzte Chance

7.1 Der Fall (Reinhard Billmeier)

Die Personalleiterin eines großen mittelständischen Unternehmens hatte bei mir angefragt, ob ich das Coaching eines Bereichsleiters übernehmen wolle, mit dem sie selbst in den letzten Monaten eingehende Beratungsgespräche geführt habe, nun aber an Grenzen komme, wo ein externer Coach sicher bessere Möglichkeiten habe.

Herr R. sei als Leiter des Einkaufs seit ca. 15 Monaten im Unternehmen, und habe nach einer anfänglich guten Zeit zunehmend Probleme mit seinem Chef (dem technischen Geschäftsführer), der inzwischen kurz davor stehen würde, ihn »rauszuwerfen«. Sie habe mehrmals zu vermitteln versucht in alle Richtungen, gerate aber zunehmend in einen Loyalitätskonflikt zum GF (der auch ihr direkter Vorgesetzter ist). Es wurde – auf Wunsch des GF – ein Erstgespräch mit Herrn R., dem GF, ihr und mir geführt.

In diesem Gespräch führte der GF aus, dass er insbesondere wegen der Lieferantenrückmeldungen über die rüden »amerikanischen« Methoden des Herrn R. besorgt sei und ebenso wegen kritischer Feedbacks von (Leitungs-) Kollegen, die Herrn R. für nicht beziehungsfähig hielten. Er würde ihm gerne eine Chance geben, weil er ihn als Chefeinkäufer behalten wolle und ihn persönlich schätze, aber Herr R. müsse dringend an seinem Image und seinen Beziehungen zu Kollegen und Kunden arbeiten und deshalb würde er ein Coaching vorschlagen, an dessen Ende für ihn die Entscheidung stehen würde, mit Herrn R. weiterzuarbeiten oder sich von ihm zu trennen.

Ich machte bei diesem Gespräch zur Bedingung, dass ich in einem Zweiergespräch mit dem Klienten dessen Zustimmung zu einem Coachingprozess überprüfen wollte, dass der Klient die Chance haben müsse, auch einen anderen Coach als mich zu wählen und dass – für den Fall einer positiven Entscheidung – es eine Garantie vom GF geben müsse, dass der Klient bis zur Auswertung des Coachings nach ca. sechs Monaten, das wieder in derselben Runde stattfinden würde, keine wesentlichen negativen Konsequenzen (Entlassung) zu befürchten habe.

Nach den entsprechenden Zusagen führte ich sofort im Anschluss das erste Gespräch mit dem Klienten, das sehr emotional verlief. Er brach nach wenigen Minuten mit mir allein in Tränen aus und sprach sehr schnell und sehr offen über große familiäre Schwierigkeiten wie den Selbstmordversuch eines Kindes und dass er unter der Situation, seine Familie in 650 km Entfernung zu haben und nur am Wochenende sehen zu können, sehr leide. Dies sei der Hauptgrund für die monierte Beziehungsproblematik zu seinen Kollegen und er könne die Kritik aus dem Lieferantenkreis verstehen, habe aber schließlich den Auftrag gehabt, den Einkauf wesentlich zu optimieren; was er dann mit seiner Professionalität (20 Jahre Erfahrungen in der Beschaffung verschiedener amerikanischer Konzerne) auch getan habe. Er habe dies gefühlsmäßig nie besonders gern getan und ihm gefalle das Klima bei dem ländlich-mittelständischen Betrieb mit seinen sozialen Werten viel besser; und so möchte er alles tun, um den Job zu erhalten. Er habe in seinem Alter (über 50) große Angst, keine adäquate Beschäftigung mehr zu bekommen. Er sei durch den Erwerb eines großen Hauses für seine Familie – auf Druck seiner Frau hin – verschuldet und könne sich weder Arbeitslosigkeit noch eine niedriger dotierte Stellung leisten (sein Gehalt war wirklich sehr hoch). Er sei außerdem schon mehrmals Opfer von Rationalisierungen in den jeweiligen Konzernen geworden und hätte nun gern endlich einmal einen dauerhaften Job.

Besonders auffallend – neben der ungewohnt schnellen intensiven Beziehung, die durch die Emotionalität der Situation entstand – war der erste Eindruck, dass ich mir nur sehr schwer vorstellen konnte, wie dieser insgesamt eher weich und liebenswürdig wirkende Mann als erfolgreicher Sanierer/Aufräumer im Zuliefererbereich des Unternehmens so viel Wirbel ausgelöst haben sollte.

Herr R. entschied sich am nächsten Tag für den Beginn des Coachingprozesses.

7.2 Kommentare

Matthias Lauterbach

Der Fall wird von dem Coach als ein besonderer Fall, als sein wichtigster Fall angekündigt. Die Anfangssituation in dem Vorgespräch und in der ersten Einzelsitzung mit dem Kunden wird als thematisch und emotional sehr dicht beschrieben, einerseits geprägt von den Interventionen des Coaches im Vorgespräch und andererseits durch die Fülle von Themen, die der Kunde im ersten Einzelgespräch anbot.

Die Interventionen des Coaches in dem gemeinsamen Gespräch mit Kunde, Geschäftsführer und Personalleiterin scheinen mir interessant: Dem Coach wird eine Vorbedingung zugestanden, die weit in die Personalentscheidung des Unternehmens eingreift (Kündigungsschutz in der Laufzeit des Coachingprozesses). Dies könnte ein wichtiger Hinweis darauf sein, dass dem Unternehmen an einer Lösung mit und für den Kunden liegt ist. Aber: Halten sich die Beteiligten daran? Wenn nicht: War das Zugeständnis als Ruhigstellung für die Beteiligten gedacht und was bedeutet das dann für die Reputation des Coaches, dem man Zusagen macht, ohne sie einhalten zu müssen? Der Coach pokert recht hoch für den Klienten: Was lässt ihn zu dieser Intervention greifen? Hypothese: Das hohe Maß an nichtstimmigen Lebensprozessen auf vielen Ebenen gleichzeitig löst Unterstützungs- und Schutzimpulse aus. Es kommen aus der Außenperspektive allerdings Zweifel auf, ob sich diese Investition lohnt.

Betrachtet man die Gesamtsituation des Kunden auf der Ebene von (Lebens-) Mustern und übergeordneten Strukturen, so fällt besonders auf, dass vieles nicht zusammen zu passen scheint:

- sein Typ passt nicht zur Aufgabe (eigentlich liegt es ihm gar nicht, so hart mit den Lieferanten umzugehen)
- er baut ein großes Haus – nicht weil er Lust darauf hat, sondern auf Druck seiner Frau
- die Kosten des Hauses treiben ihn aber weg von der Familie, mit der er eigentlich in dem Haus leben möchte – treiben ihn in eine weit entfernt liegende, hoch dotierte (und doch für ihn nicht passende) Stelle
- die familiären Bindungen haben einen hohen Stellenwert, sind aber nicht lebbar und die hierin liegenden Unstimmigkeiten bekommen durch die Lebenskrise seines Sohnes und durch sein eigenes Alter (über 50) eine dramatische, fast groteske Zuspitzung
- er möchte unbedingt in dem Unternehmen bleiben – auch wegen der dort gelebten Werte, er selbst scheint aber durch die Umsetzung seiner Aufgabe fortlaufend gegen die Werte zu verstoßen und gerade dadurch seinen Verbleib dort wegen kultureller Inkompatibilitäten zu riskieren
- er hat ein Leben auf Kontinuität angelegt, hat jedoch schon mehrmals seinen Job verloren (als Opfer?) und wirkt auch jetzt nicht auf dem Königsweg der Kontinuität

Die Unstimmigkeiten scheinen sich als Lebensmuster durchzuziehen und über das Maß und die Struktur hinauszugehen, die man noch mit ›ausgeprägter Ambivalenz‹ beschreiben könnte. Es stellt sich die Frage nach einem tragfähigen Lebenskonzept des Kunden, das ihn leitet und das für ihn als Referenzsystem fungiert. So wirkt das Ganze wie ein Patchwork aus unterschiedlichen Lebenskonzepten.

Der Coachingprozess müsste also in dieser Breite und Tiefe ansetzen und die Lebensplanung, die Bilanzierung, die Frage von Werten und Sinn und die grundlegenden Lebensmuster einbeziehen. Hier wäre der Freiraum im Coaching natürlich ideal für den Kunden, dies unter Bedingungen von Kündigungsschutz durchführen zu können, nur habe ich Zweifel, ob das realistisch ist und von dem Unternehmen durchgehalten wird. Es geht ja hier um Neuorientierungen des Kunden, die einerseits ihre Zeit brauchen, bis sie sich in spürbaren Verhaltensänderungen niederschlagen und deren Richtungen andererseits nicht vorab festzulegen sind.

Es stellt sich in diesem Fall auch die interessante Frage nach der Grenze von Coaching und dem Übergang in einen psychotherapeutischen Prozess. Da sich die beschriebenen Lebensmuster deutlich auch in den privaten Bereich erstrecken und die privaten Beziehungsdynamiken und Familiendynamiken eine starke Prägungen der beruflichen Situation hervorrufen, würde ich dem Kunden – neben dem Coaching – eine psychotherapeutische Behandlung empfehlen. Thematisch wird es dabei dann sicher Überschneidungen geben. Gerade wegen des klar mit dem Unternehmen verabredeten Rahmens würde ich eine eher enge Grenzziehung vornehmen und im Coaching auf die Kompatibilität des Kunden mit dem Unternehmen fokussieren. Dies in Kürze zu erreichen, ist wirklich seine ›letzte Chance‹ in dem Unternehmen. Dafür dürfte auch der Kündigungsschutz zugestanden worden sein.

Allgemein gesagt wäre die Anzeige zu einer psychotherapeutischen Behandlung dann zu stellen, wenn – wie in diesem Fall – die zu bearbeitenden Themen sich auch im privaten Kontext als prägend zeigen und hier zu Beeinträchtigungen führen und/oder wenn die im beruflichen Kontext markierten Probleme mit wesentlichen Teilen der Dynamik im privaten Kontext wurzeln, insbesondere wenn der Lösungsweg auch ausführliche thematische Ausflüge in den privaten Kontext nötig macht.

Sebastian Krapoth

Schon der Beginn der mündlichen Darstellung des Falles (der Coach sprach von einem besonderen Fall, von seinem wichtigsten Klienten) sorgte innerhalb unserer Gruppe für Spannung, eine recht hohe Erwartungshaltung und Neugier. Betrachtet man die Ausgangssituation, enthält der Fall durchaus eine gewisse Brisanz, die einen emotional nicht unberührt lässt. Es fällt auf, dass es neben der Menge an Problemen für den Klienten auch schon eine Fülle an Dingen und Interventionen gibt, die bereits passiert sind, bevor es zu dem ersten Vier-Augen-Gespräch zwischen Herrn R. und dem Coach kommt: Herr R. ist bereits seit einigen Monaten durch die Personalleiterin beraten worden, diese hat auch schon in alle Richtungen zu vermitteln versucht, und nicht zuletzt ist es dem Coach gelungen, in dem unmittelbar vorher stattfindenden Vierer-Gespräch zwischen Herrn R., dem Geschäftsführer, der Personalleiterin und ihm bemerkenswerte Bedingungen (fast möchte ich sagen Forderungen) auch zum Schutz seines potenziellen Klienten zu stellen, von denen er seine mögliche Auftragsübernahme abhängig machen will.

Es ist also schon sehr viel geschehen, der Coach spricht von der »dichtesten Anfangssituation nach zehn Minuten«, als dann der Klient im Vier-Augen-Kontakt die Tränen nicht zurückhalten kann/will.

Ich fühle mich erst mal überrannt von der Menge an Dramatik und schwerwiegenden existenziellen Problemen (Selbstmordversuch des Sohnes, drohende Entlassung, generell problematisches Familienleben) und habe das Bedürfnis durchzuatmen, mich zu sammeln und die Situation zu strukturieren. Entsprechende Resonanzen zeigten sich auch innerhalb unserer Gruppe, und zu vielen Punkten wurde der Fallgeber um nähere Informationen und Strukturierung gebeten.

Ähnlich würde ich bei dem Klienten auch vorgehen: Diese ersten Schritte können auch als Krisenintervention verstanden werden. An welchen Stellen besteht Handlungsbedarf, welche Prioritäten sollte Herr R. wählen, wo kann er selbst handeln? Es könnte darum gehen, zunächst ganz bestimmte Dinge zu tun bzw. zu klären, bevor man dann bei manchen Themen tiefer einsteigen sollte: Mich irritiert etwa die Klage über die 650 km entfernt lebende Familie, während andererseits alles dafür getan wird, dass diese Situation aufrechterhalten bleibt.

Es stellt sich bestimmt die Frage, was Herr R. überhaupt von seinem Leben erwartet; mehr noch bei der Besprechung des Falles (als beim reinen Lesen der Fallbeschreibung) wurde deutlich, dass ein Verhaltensmuster bei Herrn R. das des eher passiven Opfers ist. Insgesamt wurde bei unserer Diskussion darüber nachgedacht, ob sich Herr R. aufgrund scheinbarer klinischer Relevanz seiner Symptomatik nicht auch in Therapie begeben sollte. Diesen Vorschlag machte auch der Coach Herrn R., was dieser jedoch ablehnte. Die Fragen nach dem Lebenskonzept und eine eingehende Überprüfung der familiären Situation stehen aus meiner Sicht in jedem Fall an. Ob allein ein Coaching die Methode der Wahl bleiben sollte, muss letztlich Herr R. entscheiden, der entsprechende Rat des Coaches wurde ihm gegeben.

Neben diesen Schwerpunkten dürfen die berufliche Situation und sein dortiges Umfeld nicht vergessen werden, immerhin ist der Anlass für das Coaching die Frage, ob Herr R. überhaupt weiter im Unternehmen beschäftigt bleiben soll. Herr R. sagt, dass viele seiner beruflichen Probleme auf die familiären Schwierigkeiten zurückzuführen seien. Hier bin ich sehr skeptisch, zumal die Aussage wieder in Herrn R.'s typisches Muster hineinzupassen scheint (er kann ja gewissermaßen gar nichts dafür, ist Opfer seiner familiären Situation).

Eine erste Intervention hat der Coach bereits durch die gestellten Forderungen durchgeführt, der unmittelbare Druck durch eine drohende Entlassung ist zumindest aufgeschoben – die Frage bleibt, ob und inwieweit das System nach diesem ersten Gespräch auch weiter direkt einbezogen werden sollte.

Je nachdem, wie die Kultur und die Offenheit in dem Unternehmen sind, könnte ich es mir hilfreich vorstellen, die interne Beraterin, die schon länger mit Herrn R. gearbeitet hat, und eventuell sogar den Geschäftsführer zu einzelnen Themen hinzuzuziehen, die vielleicht nicht im engeren Sinn zu dem Coachingprozess gehören, aber für Herrn R. wichtige Perspektiven liefern könnten (Feedback, Klärung gegenseitiger Erwartungen etc.). Damit muss Herr R. selbstverständlich einverstanden sein. Darüber hinaus sollten dann das Setting und die Loyalitätsfragen thematisiert und genau geklärt werden. Möglicherweise liegen in einer solchen Erweiterung des Vorgehens für den Klienten und den Coachingprozess nützliche Ressourcen.

Christine Kaul

Führungskräfte und Hemdkragen haben eins gemeinsam: Ob sie passen, weiß man erst, wenn man sie am Hals hat. Der Geschäftsführer »würde ihm gern eine Chance geben, da er ihn persönlich sehr schätze«. Nun ist das mit der Chance wegen Wertschätzung zunächst schon einmal insofern wahr, als der Geschäftsführer den (Geld-)Wert abschätzt, den das Rauswerfen eines seiner hochdotierten Manager für das Unternehmen bedeutet. Der Satz irritiert mich noch in einem weiteren Sinn: Er schätzt ihn persönlich, kennt seine Vergangenheit in US-amerikanischen Unternehmen, deren Konsequenzen er nicht wertschätzt. Warum hat er ihn eingestellt? Soviel zum Umfeld.

Der Kunde ist in einer wirklich prekären Lage. In der Menge der Probleme, die er nennt, nimmt sich seine Äußerung, dass er die rüden Methoden gegenüber Lieferanten nicht gern angewandt habe und ihm das »Klima bei diesem ländlich-mittelständischen Betrieb mit seinen sozialen Werten viel besser gefalle«, wenig ehrlich aus.

Wenn sich alle Probleme in Nichts auflösten, wie sieht er sich selbst in fünf Jahren? Was ist also seine Vorstellung eines glückenden, wenn nicht sogar glücklichen Lebens? Lebt und arbeitet er dann immer noch 650 km von seiner Familie entfernt? Die gut geratenen, schulisch erfolgreichen Kinder leben mit der etwas zu dominanten Mutter in einem übergroßen Haus. Man nimmt am Wochenende seine Anwesenheit erfreut zur Kenntnis, weil er ungestresst kommt: Die Lieferanten funktionieren, er hat sie auf Zack gebracht. Und so lebt er denn weiter, und wenn er nicht gestorben ist …

Der Lebensentwurf ›stimmt nicht‹ und hat schon vor dem jetzt eskalierten Zustand nicht gestimmt. Mit 50 Jahren ist dies in der Tat – nicht die letzte – aber eine späte Chance, zu überdenken, was er eigentlich von seinem Leben erwartet.

Vermutlich ist der Druck ›Joberhalt‹ zu Beginn des Coachings noch zu groß, um sofort in das Thema ›mein Leben‹ einzusteigen. Deshalb würde ich zunächst mit dem Kunden seine beruflichen Handlungsfelder zu sortieren versuchen, also die Beziehungsproblematiken Kollegen/Chef/Lieferanten, um ihn zu unterstützen, Schritt für Schritt zu normalisierten Beziehungen zu kommen. Das wird nicht einfach sein, aber eher nur die Selbstüberwindung bedeuten, sich den anderen mit geändertem Verhalten zu nähern.

Dagegen wird das Neuüberdenken seines Lebensentwurfs eine wirklich schwere Aufgabe für den Kunden werden.

Michael Kramer

Woher kommt der Impuls, den Kunden sowohl durch direkte Interventionen wie durch die Art der Darstellung und die persönliche Bindung zu schützen? Die Intervention führt zu einer starken emotionalen Reaktion des Kunden, die zu der Hypothese führen könnte, dass er hier etwas bekommen hat, nämlich (väterliche) Fürsorge, die er in seinem Leben, in dem es eher Druck, Härte und Ängste gibt, so nicht kennt. Die Fürsorge ist mit Sicherheit ein tragendes Element für das Coaching, besonders in der Anfangssituation. Die dabei entstehende Gefahr wird sein, dass er, bleibt es bei dieser Aufgabenverteilung, schwerer lernen wird, für sich selbst zu sorgen und als Basis dazu, sich selbst mit der notwendigen (liebevollen) Selbstkritik zu betrachten.

Der Kunde erfüllt die Wünsche seiner Frau und die der Geschäftsleitung und bekommt selbst wenig (z.B. Anerkennung). Er muss sich in einer tiefen Lebens- und Sinnkrise befinden. Seine Arbeit, die er macht und gut kann, findet keine Anerkennung, und ich kann mir keine größere Infragestellung meiner Arbeit als Vater vorstellen, als wenn sich eines meiner Kinder das Leben nehmen will. In dieser Situation 650 km weit weg zu sein, muss wirklich hart sein.

Einige Fragen, die mich als Coach interessieren würden, wären: Wie kann er diese Situation mit Hilfe von Coaching verarbeiten und die Kraft für eine Neuorientierung finden? Was ist das Gute im Schlechten, was kann er lernen und zu persönlichem Wachstum nutzen? Was sind seine Muster, wieso kommt es nach zwei bis drei Jahren immer zum Abbruch einer Arbeitssituation?

Der Kunde ist sehr engagiert, vielleicht überengagiert und zu schnell. Er sollte sich Zeit lassen, die Situation, die Kunden, die Firmenkultur, den Auftrag und nicht zuletzt die Wünsche und Forderungen seiner Familie zu erkennen und erfühlen, um dann seine Position dazu einzunehmen, eine Abstimmung vorzunehmen und dann erst zu agieren.

Auf der Organisationsebene entstehen ebenfalls Fragen:

- Wie klar war der Auftrag an den Kunden beschrieben?
- Wie klar ist das Profil der Position, der Tätigkeit und des Menschen, der dafür gesucht wurde?
- Wie wurde seine private Situation eingeschätzt – oder wurde etwa gar nicht danach gefragt? In mittelständischen Firmen mit einer sehr ausgeprägten Kultur wird Vieles als selbstverständlich angesehen und oft wenig Sorgfalt auf Kommunikations- / Vermittlungsprozesse gelegt.

Die Hintergründe der Problematik scheinen recht offen und transparent, auch als Kulturdiskrepanz in ihrer Gegensätzlichkeit beschrieben. Dabei ist keine Seite richtig oder falsch. Die spannende Frage wird sein, wie können sich beide Seiten aufeinander zu bewegen? Wie kann ihm auch Achtung für seine Leistung entgegengebracht werden (zumindest von ihm selbst, das wäre ja ein guter Anfang)? Und wie kann er sich an die in dem momentanen Umfeld herrschende Kultur anpassen? Da es sich nicht um einen Mediationsprozess handelt, wird dem Kunden nichts anderes übrig bleiben, als mit Unterstützung des Coachingprozesses diese Fragen selbst auszuhandeln.

Hier fällt ein seltsamer Gegensatz auf. Er empfindet Sympathie für die mittelständische familiäre Kultur und gleichzeitig verhält er sich offensichtlich konträr. Dennoch scheinen das keine unüberwindbaren Gegensätze zu sein, denn es herrscht bei beiden Seiten ein erkennbares Verständnis über die jeweils andere Seite vor und der Wunsch, sich zu bewegen.

Etwas Selbstbewusstsein täte dem Kunden gut. Ich frage mich, was könnte die Firma von ihm lernen. Von der Energie her scheint mir diese Frage etwas zu einseitig auf seinen Schultern zu lasten.

Der Coach müsste in diesem Fall seine Fürsorglichkeit durch Konfrontation ergänzen. Der viel größere Bruch allerdings scheint mir in seiner privaten Situation zu liegen, deren Dilemma unter Beibehaltung der momentanen beruflichen Position kaum auflösbar erscheint. Spekulation: Will er unbewusst scheitern, denn dann könnte er wieder zu Hause sein und seiner Frau sagen, dass er sich bemüht habe? So macht er einen sehr einsamen Eindruck, mit kaum noch vorhandenen Verarbeitungs- bzw. Verdrängungskapazitäten. Das Bedürfnis seitens des Coaches, ihn zu schützen, ist vor diesem Hintergrund verständlich.

Der Kunde muss lernen, für sich selbst zu sorgen. Die starke Verunsicherung und Erschütterung ist dabei eine Chance, die durchaus zu einer Umorientierung führen kann, so er sie nicht zur Selbstanklage oder zur Beschuldigung der anderen oder der Situation nutzt.

- Was bringt ihm die Situation?
- Welche Muster stecken dahinter, woher kennt er sie, was ist ihm vertraut?
- Wo will er hin, welche Ziele hat er?
- Wo ist eigentlich seine Wut und Aggression über diese Art behandelt zu werden?

Das heißt, es gibt eine strategisch-operative organisationsbezogene Ebene in diesem Coaching und eine die Person mit ihren Mustern und Glaubenssätzen betreffende. Beide hängen eng miteinander zusammen und haben in ihrer Bearbeitung doch ganz andere Ebenen, Interventionsstrategien und Zeithorizonte. Beide Ebenen müssen parallel bearbeitet werden. Da aber schon Ärger beim Kunden und in der Organisation entstanden ist, hat die Arbeit an dieser Baustelle mit Sicherheit eine hohe Priorität.

Ich finde das Anliegen der Personalleiterin nachvollziehbar, angesichts der Rollenkonflikte, in die sie kommt, die Beratung an einen Externen abzugeben. Auch die Bedingung des Geschäftsführers, an einem Sondierungsgespräch mit dem externen Coach beteiligt zu werden, ist angemessen. Es scheint um ein Problem zu gehen, dass für das Unternehmen sehr relevant ist.

Der Coach macht in diesem Sondierungsgespräch eine Intervention, die ich riskant finde, er will eine Garantie vom Geschäftsführer, dass der Einkaufsleiter bis zum Ende des Coachings nicht gekündigt wird, das ist ein Eingriff in die Führungsfunktion.

Im Einzelgespräch mit Herrn R. geht es dann um seine durchaus schwerwiegenden privaten Belastungen, die er für seine Probleme im Beruf verantwortlich macht. Meine Hypothese zum Konflikt, den er im Unternehmen hat, ist, dass dieses ländlich-mittelständische Unternehmen sich einen Einkäufer geholt hat, der die Kosten drücken soll. Mit den Konsequenzen dieser Entscheidung hat das Unternehmen dann allerdings Probleme, sein Vorgehen passt nicht zur Kultur der Beziehungen, wie sie zu den Lieferanten lange Jahr gepflegt wurden. Die Lieferanten haben sich offenbar unter Umgehung des Einkaufsleiters direkt an den Geschäftsführer gewandt und sich über die »amerikanischen Methoden« beschwert. Ich nehme an, dass die Geschäftsführung sowohl den Erfolg dieser neuen Einkaufsstrategie, nämlich die Kostensenkung, die Herr R. erreicht hat, haben will als auch die guten Beziehungen zu seinen Lieferanten wahren will, was sich logischerweise ausschließt. Der Geschäftsführer ist vermutlich hin und her gerissen, sonst würde er nicht noch einmal in das Coaching investieren, versucht aber die Konsequenzen seiner Entscheidung auf Herrn R. abzuwälzen. Am Verhalten von Herrn R. macht sich die Frage nach der Geschäftsstrategie fest und wird personalisiert.

Ich würde in dieser Situation versuchen, Realität hinein zu bringen und Daten zu erheben: Was war sein Auftrag, mit dem er eingestellt wurde, welche Ziele wurden ihm gesetzt? Hat er diese Ziele erreicht, erfüllt er diesen Auftrag? War er nun im Sinne dieses Auftrags erfolgreich oder nicht? Gab es vielleicht Unklarheiten in diesen beiden Punkten, wie sich jetzt herausstellt; hat jemand etwas missverstanden oder seine Erwartungen nicht klar benannt? Gab es weitere Vorgaben, wie er vorzugehen hätte, was kulturverträgliche Methoden des Umgangs mit Lieferanten sind und was nicht?

Wenn diese Basis klar ist, kann Herr R. mit dem Geschäftsführer verhandeln, welche Strategie nun gefahren werden soll. Repräsentiert Herr

R. mit seinem Ziel der Kostenreduzierung im Einkauf nun die Geschäftsstrategie oder nicht? Wenn ja, gibt es Spielräume beim Einsatz der Methoden, was könnte er tun, um das Ziel zu erreichen, aber sich dabei gleichzeitig anschlussfähiger an die Kultur zu zeigen? Dann kann eine Entscheidung fallen, ob er bleibt oder nicht.

Wenn sich der Geschäftsführer für die Kostenreduzierung entscheidet, muss er allerdings seinem Einkaufsleiter gegenüber den Lieferanten den Rücken stärken und nicht hinter dessen Rücken Verhandlungen führen und ihn möglicherweise desavouieren. Er muss die Lieferanten mit ihren Beschwerden an ihn verweisen und deutlich machen, dass Herr R. in seinem Sinne handelt. Bevor diese Entscheidung nicht getroffen ist, kann Herr R. sich gar nicht verhalten und positionieren, er wird von den Lieferanten nicht ernst genommen.

Ich glaube, dem Unternehmen war nicht klar, dass Kostensenkung nicht ohne Kosten abgeht, nämlich traditionell gute und kooperative Beziehungen zu Lieferanten durch den Einsatz von Machtstrategien zu gefährden. Auf diesem Hintergrund erklärt sich mir, warum die Personalleiterin mit ihren Vermittlungsversuchen gescheitert ist, sie hat das strategische Thema nicht angehen können, es wurde personalisiert und an Herrn R. festgemacht. In der Tat könnte ich mir vorstellen, dass das Einzelcoaching unterbrochen werden könnte, und man eine Sitzung lang versucht, die unterschiedlichen Positionen von GF und Einkaufsleiter zu klären.

In unserer Gruppe fand eine starke Fokussierung auf den Kunden und die von ihm angebotene persönliche Situation statt, es gab eine starke affektive Dynamik, eine Wiederholung dessen, was im ersten Gespräch mit dem Coach passiert ist, in dem der Kunde fast dekompensiert ist. Coaching, das sehr stark auf die Person fokussiert, schwächt ihn als Person und Funktion zu diesem Zeitpunkt. Aus dem Konflikt kommt er nicht heraus und wird sicher nicht handlungsfähiger, wenn ich hier als Coach aufdeckend arbeite, in die Biographie und die Familiensituation oder die Beziehung zum Geschäftsführer gehe, sondern wenn ich ihn bei seinen Stärken abhole, nämlich komplexe und spannungsgeladenen Geschäftsbeziehungen, in denen Interessen aufeinander prallen, zu verstehen. Ich denke, letztlich ist es ein Wertekonflikt, um den es geht, sowohl im Unternehmen, das sich in einer Spannung zwischen ökonomischen Notwendigkeiten und der Wahrung traditioneller Geschäftsbeziehungen befindet, als auch bei ihm, der nicht mehr sicher ist, wie lange er solche Jobs noch machen will und kann. Vielleicht ist es nicht nur die ›letzte Chance‹ für den Einkaufsleiter, sondern auch für das Unternehmen.

7.3 Theoretischer Hintergrund

 Existenzielle und spirituelle Fragen im Coaching I
(Matthias Lauterbach)

Metaphorisch kann man für Coachingprozesse von ›Breite‹ und ›Tiefe‹ der thematischen Bearbeitung sprechen. Man kann auch die Metapher der ›Benutzeroberfläche‹ vs. ›Software‹ vs. ›Betriebssystem‹ benutzen, um das Feld abzustecken, in dem gearbeitet werden soll (im Gesundheitscoaching wird sogar die Ebene der ›Hardware‹ direkt mit einbezogen). Mit dem Kunden ist auszuhandeln, in welcher Breite und Tiefe sein Anliegen zu bearbeiten ist, der Coach skizziert, welche Auswirkungen das jeweils auf den Ablauf haben kann.

Von ›Breite‹ spreche ich, wenn es um den Aspekt der Eingrenzung auf eine ganz konkrete Situation versus Ausdehnung des Anliegens auf ähnliche Situationen, auf Muster, typische Dynamiken etc. geht.

Von ›Tiefe‹ spreche ich, wenn es um das intensivere Einbeziehen von Biografie und Lebens-/Zukunftsperspektive geht, um Standortbestimmungen, Wertejustierungen u.ä.

Unter den Rahmenbedingungen einer Verabredung mit dem Kunden über diese Perspektive, spielen auch existenzielle und spirituelle Themen im Coaching eine Rolle. Das ist oft der Fall z.B. bei Anliegen, die in beruflichen Umbruchsituationen entstehen, insbesondere jenseits etwa des 40. Lebensjahres oder bei Anliegen, die aus Schicksalsschlägen entstehen, die in der Folge eigener Erkrankungen und Symptome, von beruflichen Niederlagen etc. erwachsen. Oft ist aber auch ein Anliegen, das aus dem unbestimmten Gefühl »Irgendwie stimmt das alles nicht mehr« resultiert, nur unter Einbeziehung dieser Ebene zu bearbeiten.

Die Notwendigkeit einer Vertiefung ist oft schon am Beginn eines Coachingprozesses für den Coach intuitiv zu erfassen, gelegentlich wird erst später durch Stocken des Prozesses, durch aufkommende Langeweile etc. deutlich, dass bislang ›der Ball zu kurz geschossen‹ war.

Wichtig ist es, solche Vertiefungsschritte, die eine deutliche Veränderung des Fokus im Coaching bedeuten, jeweils zu kontraktieren: »Ich sehe das Thema X, das uns am Rande immer wieder beschäftigt hat und schlage vor, dass wir dafür gesondert Zeit einräumen. Wir kommen damit auf eine tiefere Schicht Ihres Lebens, auf die Ebene Ihres ›Betriebssystems‹. Ist das für Sie in Ordnung?« oder: »Ich fürchte, dass Sie sich hier immer wieder in dieselben Fallen hineinreiten. Mir fallen dabei aus der Außenperspektive Grundmuster auf, die Ihr Leben scheinbar stark prägen und die ich mit Ihnen ansprechen möchte. Wir kommen hier über das hinaus, was wir ursprünglich vereinbart hatten ...«

»Der anstehenden beruflichen Entscheidung geben Sie eine besonders hohe Bedeutung, andererseits drehen Sie sich seit Monaten im Kreise und es wirkt so, als fehle das Referenzsystem, das Koordinatensystem für die Entscheidung. Ich würde gern mit Ihnen über diese übergeordneten Perspektiven, den Sinn, die grundlegenden Werte, vielleicht auch die spirituelle Seite Ihrer Entscheidung sprechen. Das ist das, was Sie bei dieser wichtigen Entscheidung leitet, aber nicht bewusst eine Rolle spielt. Ist das für Sie in Ordnung?«

In diesem Fall findet sich ein solches Muster im Leben des Kunden, das sowohl das Arbeits- als auch das Privatleben umfasst. Auch hier würde sich ein Einstieg nach den oben skizzierten Mustern anbieten. Die Konsequenz für den Fortgang des Coachings wäre, dass zumindest eine ausführliche Sitzung diesem Thema zu widmen und mit unterschiedlichen Methoden zu beleuchten wäre. Ziel dabei ist es, die unbewusst wirkenden Muster zu reflektieren, sie in der Biografie nachzuvollziehen und auch ihren Wert und Nutzen zu verstehen (nur das setzt sich durch, was auch einen Nutzen hat). Meist erschließt sich ein tieferes Verständnis dieser Dynamiken erst durch einen Blick auf die in der frühen Biografie vermittelten Werte, die Lebensaufträge, die (oft durch die Berufstätigkeit der Eltern geprägte) Familienkultur etc. Daraus lassen sich dann auch die möglichen Antworten auf Sinn- und Wertefragen ableiten.

Die Grenze zur Therapie ist dann erreicht, wenn deutlich wird, dass dieser (zeitlich begrenzte) Prozess im Rahmen des Coachings nicht zu einer dem Anliegen und Ziel angemessenen Veränderung führt, wenn der Kunde sich weiter in den gleichen Schleifen dreht oder wenn sich herausstellt, dass mit diesem Prozess Themen angesprochen werden, die zunächst im privaten Bereich zu lösen sind.

Allerdings habe ich als in der Psychotherapie langjährig erfahrener Coach die Erfahrung gemacht, dass sich wegen und trotz der im Coaching starken Fokussierung auf die Entwicklung im beruflichen Kontext auch Entwicklungen zeigen, die in therapeutischen Settings meist mehr Zeit beanspruchen. Die hier genannten Ebenen und Tiefungen lassen sich im Coachingprozess sehr intensiv verdichten und dann auch wieder auf der Ebene der konkreten Handlungsoptionen im beruflichen Kontext auflösen. Eine Erklärung dafür wäre, dass die emotionale Einstimmung auf Veränderung und die Bereitschaft, dafür auch Risiken einzugehen, im Kontext von Coaching sehr hoch sind.

Existenzielle und spirituelle Fragen im Coaching II
(Reinhard Billmeier)

Im vorliegenden Buch sind einige Fallbeispiele dargestellt, in denen es – mal mehr, mal weniger offenkundig – um existenzielle Fragen grundlegender Orientierung im Leben des Klienten geht. Pointiert ließe sich fragen, wie eine klar definierte Grenze zwischen Coaching und existenzieller, psychotherapeutischer und seelsorgerischer Beratung aussehen müsste.

Die Bereitschaft, in diese Thematiken einzusteigen, oder sie ggf. auch bewusst anzusteuern, hängt in hohem Maße von der Bereitschaft beider Akteure und einer entsprechenden (oft auch nur stillschweigenden) Vereinbarung ab. Oft bringt der Klient diese Dimension selbst in den Prozess ein – gerade im klassischen Krisencoaching. Es kann aber auch für den Coach nötig sein, wenn er an einem bestimmten Punkt im Prozess zur Einschätzung kommt, dass sich nur auf einer tieferen Ebene das Ziel des Klienten erreichen lässt.

Dies mag ein einfaches Beispiel verdeutlichen: Oft wird im Vorgespräch das Thema der Arbeitsüberlastung angeboten. Ich habe als Coach mehrere Möglichkeiten darauf zu reagieren. Ich kann auf der operativen Ebene mit dem Klienten an seinen Prioritäten arbeiten und ihm dabei mit manchen Tools durchaus Unterstützung geben. Oder ich kann die Thematisierung der Persönlichkeit anbieten, und dort z.B. erst einmal abklären, ob das eine Frage des Berufs ist oder eine sich im Privaten wiederfindende Struktur. Tatsächlich habe ich in meiner Praxis nur sehr wenige Klienten erlebt, die (ein einigermaßen gesundes Umfeld vorausgesetzt) von Überlastung gesprochen haben und gleichzeitig wirklich gut »Nein« sagen konnten. Auch da gibt es verschiedene Möglichkeiten der Tiefung: Bleibt es beim Besprechen des beruflichen Feldes, was normalerweise der Auftrag ist, oder wird klar, dass »Nein« zu sagen in einem anderen Bereich viel leichter eingeübt werden kann und dann erfolgreich z.B. auf den schwierigeren Kollegen zu übertragen ist, oder nachdem die eigentliche kritische Beziehung geklärt ist, die weniger belastenden sich viel einfacher klären lassen.

Immer wieder haben wir es im Coaching mit oft willkürlichen kulturellen Grenzsetzungen zu tun. Vor uns sitzt aber der ganze Mensch mit seinen ganzen Erfahrungen, die, wenn es um Persönlichkeit geht, nicht wirklich abgetrennt sind. Meine Erfahrung ist, dass jede Coachingbeziehung eine Potenzialität an existenzieller Tiefe besitzt, die natürlich nicht immer betreten wird; dies setzt einmal eine Sensibili-

tät des Coaches voraus und auch eine bestimmte Grundqualifikati-
on: Coaches mit therapeutischem und/oder seelsorgerischem Hintergrund werden sicher öfter in die Tiefe gehen als eher fachlich-
wissenschaftlich orientierte – und sie werden – manchmal wohl unbewusst – auch deshalb ausgewählt. Nicht jedes existenzielle Thema beginnt als solches.

Ich glaube nicht, dass es eine einfach und klar zu definierende
Grenze zwischen Coaching und Therapie sowie Coaching und Seel-
sorge gibt, und ich sehe dafür auch keine Notwendigkeit.

Die Beobachtung, dass oft gerade im Coaching bewegende persönliche Veränderungen in einer hohen Dichte und Schnelligkeit
geschehen, die in klassischen therapeutischen Settings eher selten
sind, führe ich darauf zurück, dass Coachingklienten ihre Energie
meist sehr stark auf ihr berufliches Feld konzentrieren und damit
auch eine hohe Bereitschaft zur Veränderung mitbringen – in jedem
Fall dann, wenn das Coaching selbstbestimmt ausgesucht wurde.

Ich erinnere mich an eine Klientin, die mit dem Ziel ins Coaching
einstieg, ihre wöchentliche Arbeitszeit von ca. 70 Stunden stark zu
reduzieren. Der Weg führte über das o.g. Neinsagen Lernen später
zur Situation in Ihrer Herkunftsfamilie, und nachdem sie (über drei
Sitzungen) dort die Beziehungen zu den pflegebedürftigen Eltern
geklärt hatte und Ihre besondere Rolle zu den Geschwistern zu be-
reinigen begann, stellte sich der Erfolg im Arbeitsumfeld mit großer
Leichtigkeit ein. Außerdem standen jetzt die Wochenenden wirklich
zur Erholung zur Verfügung.

7.4 Wie es weiterging

Herr R. arbeitete ca. sechs Monate mit mir. Schwerpunkt war die Arbeit
an der Qualität von und dem Dranbleiben an den beruflichen Beziehungen; in dieser Zeit hat sich das Verhältnis zu seinen Kollegen und zu den
wichtigsten Lieferanten sehr verbessert, das zu seinem GF nahezu um 180
Grad: vom drohenden Rauswurf zu besonderer Anerkennung. Es gab ein
Abschlussgespräch in der Organisation mit hoher Zufriedenheit aller Be-
teiligter, Herr R. war besonders darüber froh, dass er seinen Job behalten
konnte. Während der Coachingsitzungen wurde auch die private Situation
oft thematisiert, Herr R. kam allerdings aus seiner von mir als überwiegend depressiv empfundenen Haltung seiner Familie gegenüber nicht heraus. Es fehlte ihm der Mut, seiner Frau entgegenzutreten. Ich wies ihn
mehrfach auf meine Einschätzung hin, dass sich ohne therapeutische Be-

arbeitung seiner tieferen Beziehungsmuster (»Ich bin zu schwach«) langfristig keine Veränderung einstellen würde. Etwa ein Jahr nach Beendigung des Coachings teilte mir der Klient telefonisch mit, dass er (nun doch) entlassen worden sei.

8. STEINREICH

8.1 Der Fall (Matthias Lauterbach)

Herr P., 44 Jahre alt, Diplomagraringenieur, ist Leiter der Abteilung ›Einkauf und Logistik‹ eines Lebensmittelgroßhändlers. Er kommt auf Empfehlung eines Freundes, der bei mir einen Coachingprozess absolviert hat. Anlass ist, dass er sich in seinem Arbeitsfeld völlig überlastet fühlt, keine Bewegungsmöglichkeiten im Unternehmen mehr sieht und sich mit dem Gedanken trägt, aus dem Unternehmen auszuscheiden. Erste kleinere Versuche einer Umorientierung vor einem Jahr haben allerdings keine Resonanz in anderen Unternehmen gefunden, was Herrn P. sehr frustriert hat. Er ist sich allerdings auch sehr unsicher, wo er seine berufliche Zukunft sehen soll. Aufstiegsmöglichkeiten im Unternehmen sind unklar, da das Unternehmen mit einem wesentlich größeren Partner fusionieren wird und die zukünftigen Strukturen noch nicht feststehen. Er fürchtet allerdings, dass er wenig Chancen auf Aufstieg hat.

Ihn stört zudem, dass er abends nicht mehr abschalten kann und dann angespannt und gereizt sei. Er erhofft sich von dem Coaching Hilfen für die eigene Orientierung, die Klärung, »ob ich am richtigen Platz bin« und Tipps für einen wirksamen Schutz gegen Überlastungen.

Sein Aufgabenfeld besteht darin, als Einkäufer mit den Produzenten über Preise, Anlieferungstermine, Qualität etc. zu verhandeln, dies in die betrieblichen Vorgänge einzuspeisen sowie die Logistik des reibungslosen Zuflusses von Waren und die Nahtstelle zum Vertrieb zu organisieren. Die Aufgabe umfasst auch eine intensive Kontaktpflege mit den Zulieferern und politische Lobbyarbeit, was auch am Abend und am Wochenende stattfindet.

Das Unternehmen beschäftigt am Standort ca. 250 Mitarbeiter, die in der Bearbeitung, Verpackung, Lagerhaltung und im Vertrieb eingesetzt sind. Herr P. führt fünf Mitarbeiter. Er ist seit 15 Jahren in dem Unternehmen und führt seit acht Jahren die Abteilung.

In den letzten drei Jahren sind zahlreiche Veränderungsprozesse in dem Unternehmen durchgeführt worden. Im Vordergrund standen dabei Prozesse zur Qualitätssicherung und zur Kosteneinsparung. Beides hat auch die Abteilung von Herrn P. betroffen: Die Anzahl der Anbieter, von denen Rohstoffe bezogen werden, hat sich verdoppelt, es wurden zusätzliche Prozesse zur Qualitätssicherung eingeführt, die Produktvolumina wurden erhöht etc. Seine Personalausstattung hat sich trotz seiner Interventionen beim Vorstand nicht verändert.

Privat befindet sich Herr P. in einer sehr schwierigen Situation: Er ist seit zwölf Jahren verheiratet, hat drei Kinder. Seine Frau ist vor vier Jahren schwer erkrankt und ist fast ein Jahr für die Versorgung der Familie ausgefallen. Seit einem Jahr hat sich ihr Gesundheitszustand stabilisiert, sie ist aber nur begrenzt belastbar.

Herr P. wirkt im ersten Gespräch sehr ermüdet, ist blass. Trotzdem hat er eine feste Stimme, beschreibt seine Situation sachlich und sehr genau. Er bringt eine Karikatur mit, die einen Mann zeigt, der von seinen Aufgaben in die vor ihm liegenden Akten gedrückt wird. Er verhandelt sehr geschickt über den Preis des Coachings.

8.2 Kommentare

Christine Kaul

»Erste kleinere Versuche« einer beruflichen Umorientierung im Unternehmen unternimmt der Kunde nach acht Jahren (!) Verweildauer in seinem Job. Er fürchtet, dass die anstehende Fusion seines Unternehmens ihm wenig Chancen zum Aufstieg bietet. Wäre es nicht realistischer, er fürchtete, dass durch die Fusion sein Arbeitsplatz der Rationalisierung zum Opfer fällt?

Nun, nach acht Jahren, erhofft er sich durch das Coaching die »Klärung, ob er am richtigen Platz sei«. Herr P. ist seit acht Jahren in derselben Position als Abteilungsleiter tätig. Zu vermuten ist daher, dass gut 80 Prozent seiner Arbeitsabläufe für ihn das Stadium automatisierter Routine haben. Zwar wird es immer wieder Situationen geben, in denen er sich vor neue Herausforderungen gestellt sieht, aber seine Reaktionsmöglichkeiten und Handlungsalternativen werden wahrscheinlich jede davon meistern können.

Auf die Frage nach dem »richtigen Platz« habe ich die Assoziation und das Bild einer kunstvoll eingedeckten Tafel. Alles liegt korrekt an seinem richtigen Platz. Nein, da: Die Tasse ist verrückt! Ist also unser Kunde noch ›ganz richtig‹? Oder hat sich der Kontext so verändert, dass es nicht mehr passt? Ich möchte hier gerne die Hypothese prüfen: Der Kunde steht verrückt, und zwar weil er sich nicht bewegt hat, in einem dynamischen Umfeld.

Zum Glück habe ich Arbeit – und genug davon!

Mein Arbeitgeber hilft mir dabei, wichtige Aufgaben nicht aus den Augen zu verlieren.

Der Kunde bringt ein Selbstbild mit: einen Cartoon, der eine männliche Figur in auswegloser, erdrückender Situation zeigt. Dies ist ein nachdrückliches Angebot an den Coach, mit ihm in diesem Bild zu verweilen. Zunächst ist es durchaus sinnvoll, dieses Angebot anzunehmen, empathisch mit dem Kunden eine beklemmende Szenerie mitzuerleben, mitzuschwingen. Andererseits ist zu bedenken, welche die Wahrnehmung einschränkende Funktion Selbstbilder haben können.

Das Selbstbild ist von unmittelbarer Wirkung auf das Verhaltensrepertoire. Meines Erachtens wäre es sinnvoll, schon in der ersten Coachingsitzung zu prüfen, wie der Kunde auf alternative Selbstbilddefinitionen reagiert. Beharrt er auf seiner Metaphorik? Wie offen ist er für einen spielerischen und auch humorvollen Umgang mit anderen Szenarien? Welche

Verhaltenszwänge, aber auch -freiräume ergäben sich, läge der Ordnerstapel nicht auf seinen Schultern, sondern der Cartoon zeigte eine männliche Figur auf einem Ordnerberg sitzend?

(Galgen-)Humor, Selbstobjektivierung, der Beweis, dass alternative Selbstdefinitionen alternative Verhaltensoptionen mit sich bringen, führt häufig zur Entkrampfung bei Kunden, die durch ihre (reaktive) depressive Verstimmung verspannt und erstarrt erscheinen. Allerdings ist dies nur der erste Schritt von einer defensiven zu einer offensiven Selbstbehauptung.

Der Kunde wirkt erschöpft, müde und sagt von sich, dass er erholungsunfähig sei. Dies erstaunt nicht, nach allem, was an Belastungen im familiären Umfeld hinter ihm liegt.

Am naheliegendsten erscheint mir, mit dem Kunden zunächst sehr konkret und praktisch zu arbeiten mit einigen schnell zu erzeugenden Erfolgen. Deshalb werde ich ihn bitten, 100 Karteikarten zu beschriften mit jeweils einem Wunsch / einer Frage, den/die er im nächsten halben Jahr erfüllt/beantwortet haben möchte. Dabei ist es wichtig, dass er die mentale Haltung des assoziativen Schreibens annimmt, also wenig kognitiv steuert, was er niederschreibt. So können sich die Inhalte verschiedener Karten durchaus ähneln.

Erfahrungsgemäß ergibt das Sortieren der Karten mindestens die folgenden drei Cluster:

1. Dinge, die der Kunde selbst und sofort tun kann, z.B. »Endlich mal wieder mit den Kindern wandern gehen.« oder: »Wie kann ich meinem Freund helfen?«
2. beratungsrelevante Aspekte, z.B. »Ich möchte vom Vorstand als Leistungsträger wahrgenommen werden«, »Wie kann ich zurückfinden zu meiner früheren Leistungsfreude?«
3. Tagträume, Fluchtideen, Sehnsüchte, z.B. »Ich möchte im Lotto gewinnen und dann ...«

Das *erstgenannte Cluster* gibt Gelegenheit, mit dem Kunden Themen wie Eigenverantwortlichkeit, Schuldzuschreibung an andere, (Leistungs-)Ansprüche an sich selbst, Selbstmotivierung, Disziplin, Steuerbarkeit, mögliche vs. fantasierte Kontrolle zu besprechen und ihn zu ermuntern, aus der Lähmung eines Lebens im Wartestand heraus zu kommen.

Im *zweiten Cluster* finden sich die konkret als Coachinginhalte anzusprechenden Themen.

Das *dritte Cluster* wird zunehmend irrelevanter mit fortschreitender Arbeit in Cluster eins und zwei. Was letztlich übrig bleibt von Cluster drei, sind die Träume, die jeder Mensch braucht und hat.

Herr P. sucht im Coaching »Schutz gegen Überbelastung« und will klären, ob er am richtigen Platz sei. Es geht zunächst einmal um seine Arbeit als Leiter des Einkaufs, also den beruflichen Kontext, aber auch seine familiäre Situation birgt einige Auslöser für das Gefühl von Überbelastung und die Frage:»Bin ich am richtigen Platz?« Er hat drei kleine Kinder und seine Frau war psychisch erkrankt.

Er hat sowohl die familiäre Situation – seine Frau fiel wegen der Krankheit über längere Zeit aus – als auch die berufliche Situation (Verdoppelung der Anbieter, Erhöhung der Produktvolumina, Einführung von Qualitätssicherungsmaßnahmen, Restrukturierung der Firma) bewältigt, ohne dass es zu großen Katastrophen kam. Es erscheint mir eher so, dass die äußeren Belastungen schon nachgelassen haben, er durchgehalten hat und jetzt, wo er ›Licht sieht‹, kann er es sich gestatten, seine Situation zu betrachten und müde und erschöpft sein. Das Bild, das er mitbringt, zeigt, dass sich einiges aufgestapelt hat und er den Kopf nicht frei hat.

Mir fällt in diesem Zusammenhang ein, dass er Agraringenieur ist. Ich habe schon mit Agraringenieuren gearbeitet. Sie haben von Berufs wegen eine für andere Professionen große oder zu große Geduld und ein anderes Zeitempfinden, was mich sehr irritiert hat. Die langen Zyklen von säen/pflanzen, wachsen und ernten erfordern Vertrauen in die einmal in Gang gesetzte Entwicklung und gestatten erst nach langer Zeit die Beurteilung der eigenen Anstrengungen und Annahmen. Andere Kunden hätten vielleicht früher versucht etwas gegen die Überbelastung zu unternehmen.

Bei der Falldiskussion in unserer Gruppe trat in dieser Phase ein interessantes Phänomen auf. Es bildeten sich Paare aus Mann und Frau, die sich engagiert und fast heftig auseinander setzten und völlig konträre Ansichten hatten (z.B.:»Man muss mit diesem Mann an seinen Visionen arbeiten«, »Nein erst mal das Vergangene aufarbeiten.«). Dieses Phänomen trat mehrmals wieder auf. Dadurch entstand eine andere energetische Situation. War die Bearbeitung zuvor eher gedämpft und ratlos, wurde sie nun lebendig und lustig. Zumindest die Paare kamen in einen guten emotionalen Kontakt, der zuvor eher nicht bestanden hatte.

Wenn es sich hier um eine Spiegelung unbewusster Anteile des Falls handelt, (s.o. Theoriekarte ›Spiegelungsphänomene‹ Fall 2) dann hieße das, dass sich Herr P. aggressiver auseinander setzen muss, z.B. mit seiner Frau. Diese Aggression erfordert Mut und die Aushandlung neuer Spielregeln. (»Darf man das hier so sehen? Ist das nicht etwas übertrieben?« wurde Thema in der Gruppe, als wir dieses Phänomen benannten). Die Auseinandersetzung schafft Abgrenzung und Kontakt. Der Mann auf dem Bild wird niedergedrückt und kann eben nicht Kontakt aufnehmen, weil er niemanden mehr im Blickfeld hat.

Hat er in den drei bis vier vergangenen Jahren, in denen seine Familie am Rande einer Katastrophe war und die beruflich steigende Anforderungen mit sich brachten, andere auf eigene Kosten geschont? Beide Bereiche greifen stark ineinander. Dass ihm seine Frau in der Familie nicht den Rücken freihielt, hatte Auswirkungen auf den Beruf. Vermutlich hat er in dieser Zeit von seinen Routinen und Erfahrungen gezehrt. Dass er berufliche Arbeitszeiten hat, die kontinuierlich in der Freizeit liegen, wird die Familie belastet haben. Wenn er abends gereizt ist, kann das bedeuten, dass er seine beruflichen Probleme nicht loswird oder dass er in der Familie überfordert ist und den Beruf als Schutz vor der Familie braucht: Auf dem Cartoon steht »Zum Glück habe ich Arbeit und genug davon«.

Es gäbe den Zugang, mit seinem Führungsalltag zu beginnen und sich darum zu kümmern, wie er sich dort vor Überlastung besser schützen kann. Und man könnte mit dem Thema ›Balance zwischen Beruf und Privatleben‹ anfangen. Beides mit dem Wissen darum, dass man auf die tiefer liegende Aggressionsdynamik kommen sollte, wenn Herr P. Zustimmung signalisiert. Es geht dann um das Benennen der Situation und um die Erarbeitung von Lösungen, nicht um die therapeutische Bearbeitung. So könnte man thematisieren, wie ausgewogen die Beziehungen im Sinne des Gebens und Nehmens und der Lastenverteilung sind.

An die Frage, ob dies noch der richtige Arbeitsplatz ist, würde ich herangehen, wenn er ›den Kopf hochgekriegt hat‹ und die Belastungen weggeräumt sind. Der Versuch die Firma zu wechseln, scheint mir mit seiner Halbherzigkeit darauf hinzudeuten, dass dies nicht zu Beginn des Coachings funktionieren wird.

Reinhard Billmeier

Herr P. scheint also ein ›geborener Einkäufer‹ zu sein. So wird sein Coachingprozess schon deshalb weniger auf die Ebene der fachlichen Kompetenz zu zielen haben. Angesprochen sind ein wenig spezifisches Überlastungssyndrom und eine allgemeine Unzufriedenheit.

Das erste ist mit den geschilderten familiären Belastungen gut verständlich, aber doch insofern zu überprüfen, ob er in der veränderten Situation (Stabilisierung) auch eine Veränderung für sich wahrnimmt: »Es wird besser, und jetzt kümmere ich mich (wieder) um mich!«. Denn dass dies ein

Teil seines momentanen Entwicklungsprozesses sein muss, scheint mir recht deutlich.

Die Unzufriedenheit wird wohl auch kaum von dieser familiären Situation losgelöst zu betrachten sein. Insofern wäre für mich die vordringlichste Klärung die der Veränderungsenergie: Ist Herr P. bereit, nach Jahren besonderer familiärer Inanspruchnahme (wieder?) seinen Fokus auf berufliche Entwicklung zu richten. Macht seine Familie das (schon) mit? Ist die Unzufriedenheit wirklich beruflich oder ist er auch mit seiner (länger gelebten) Rolle im privaten Feld unzufrieden? Würde es ihm wirklich helfen, eine neue Firma zu finden, oder muss er nicht erst einmal sehr gründlich die vergangenen vier Jahre abschließen und aufräumen? Die meisten Fragen liegen durchaus im Grenzbereich von Coaching und Therapie.

Mit dieser Einschätzung im Hintergrund würde ich zunächst vorschlagen, mit ihm zusammen die berufliche Seite der Überlastung zu untersuchen. Denn die Vermutung, dass dieses Empfinden eine starke subjektive Seite haben könnte, wird durch die ignorierende Reaktion des Vorstands erst einmal gestützt. Seine eigene Fragestellung, ob er am richtigen Platz (und implizit: im richtigen Unternehmen) sei, scheint mir ein potenzieller Vermeidungsmechanismus zu sein.

Ich würde entsprechende Überlegungen des Klienten allerdings nicht unterbinden, denn natürlich kann das Umfeld und dessen spezielle Erfordernisse (Lobbyarbeit) für ihn inzwischen wirklich nicht mehr adäquat sein, und zweitens wird sich bei einer genaueren Untersuchung seiner Ansprüche und Wünsche auch herausstellen können, was illusorisch und was sinnvoll ist.

Dass er als Einkäufer Qualität hat, hat der Fallgeber attestiert. Ob er aber nach seiner Familienkrise schon wieder die Stabilität und Energie hat, engagiert an eine Veränderung im sich stark verändernden Umfeld heranzugehen, das scheint mir die vordringliche Frage zu sein. Der Auftrag an den Coach erscheint mir in gewisser Weise auch widersprüchlich: Hilfe gegen Überlastung ist ein innerer Veränderungsprozess, bei dem es meist darum geht, »Nein« sagen zu lernen. Ob er am richtigen Platz ist, kann man in der dynamischen Veränderungssituation der Fusion sicher nicht leicht und sicher nicht schnell herausarbeiten. Dass er an Aufstieg denkt, wo er erst einmal gründliche Bestandsaufnahme machen sollte, stärkt den Eindruck von Widersprüchlichkeit und Vermeidung.

Ich befürchte, dass dieser Klient nach seiner Familienkrise die wirkliche berufliche Krise noch vor sich hat.

Herr P. hatte in den letzten Jahren sehr schwierige Lebensumstände zu meistern, bewegt sich persönlich wie privat in einem Feld, das von großer Unsicherheit geprägt ist. Bei der Falldarstellung wurde gesagt, dass Herr P. noch vor einem Jahr 60 Prozent seiner Energie in die Familie gesteckt habe. Es ist kein Wunder, dass er ermüdet ist und sich überlastet fühlt.

Bei alldem verfügt er offenbar über sehr große persönliche Ressourcen, er brachte schon zu einem früheren Zeitpunkt die Energie auf, zu versuchen sich beruflich umzuorientieren und trotz der familiären Belastung seiner beruflichen Aufgabe ohne offensichtliche Probleme gerecht zu werden. Es ist beachtlich, wie er seine Situation überhaupt gemeistert hat und jetzt auch Unterstützung für sich sucht. Offenbar ist jetzt erst die Zeit dafür vorhanden – es scheint mir so, als habe Herr P. eine lange Zeit funktionieren müssen, ohne auch nur einen Moment zur Ruhe und zum Nachdenken gekommen zu sein, weil insbesondere die familiäre Situation sein Durchhalten erforderte. Im sprichwörtlichen Sinn ist der Akku von Herrn P. leer, es fehlen schon länger die Möglichkeiten, ihn aus eigener Kraft wieder aufzuladen.

Neben dem von Herrn P. genannten Thema und den Tipps, die er sich von dem Coaching erhofft, würde mich interessieren, wie Herr P. sich die Meisterung der schwierigen familiären Situation in Zukunft vorstellt und wie er sie im Zusammenhang mit seinen beruflichen Plänen sieht.

Alles in allem scheint mir dringend geboten, dass Herr P. – wenigstens vorübergehend, und sei es nur für die Coachingsitzungen – ›anhält‹, zur Ruhe kommt und versucht, seine Situation mit etwas Abstand zu betrachten. Es geht hier aus meiner Sicht mehr um eine ganzheitliche Lebensplanung, um den Umgang mit sich selbst und den eigenen Kräften als nur um die Klärung, ob jemand beruflich am richtigen Platz ist.

Ich würde versuchen, Herrn P. insofern erst einmal etwas zu bremsen, bewusst Tempo herauszunehmen, ihm verdeutlichen, dass er sich die nötige Zeit für seinen Entscheidungs- und Planungsprozess nehmen darf und muss. Zunächst ginge es mir also darum, Herrn P. wieder soweit aufzubauen, dass er sich nicht mehr – wie der Mann auf der Karikatur – von seinen Akten und Sorgen erdrückt fühlt. Dies alles wäre eine wichtige Voraussetzung für eine produktivere und nachhaltigere Betrachtung der dann anstehenden Themen und Lebensfragen.

Bezogen auf die berufliche Situation finde ich den Wunsch nach Veränderung bei Herrn P. nachvollziehbar. Er übt seit vielen Jahren unter schlechter gewordenen Bedingungen dieselbe Tätigkeit aus. Darüber, ob es die Möglichkeit einer adäquaten Tätigkeit in einem anderen Unternehmen gibt, kann hier nur spekuliert werden, offenbar sind die Chancen aber nicht so groß, wie die frustrierenden Erfahrungen von Herrn P. bei seinem Versuche einer Umorientierung zeigen.

Sollte die berufliche Zukunft also weiter in seinem jetzigen Unternehmen liegen müssen, wäre auszuloten, welche Risiken, aber auch Chancen in der anstehenden Fusion für Herrn P. liegen, und ob es nicht auch innerhalb desselben Unternehmens Möglichkeiten einer Umorientierung geben kann, die Herrn P. etwas zufriedener machen.

Im Hinterkopf behalten würde ich noch folgende Überlegung: Im Sinne eines sekundären Krankheitsgewinnes frage ich mich, ob Herr P. vielleicht irgendeinen Vorteil dadurch hatte, dass er jahrelang seinen Pflichten nachgegangen ist, familiär wie beruflich. Ob er beispielsweise auch unbewusst größeren Konfrontationen – und sei es nur die eigene Beschäftigung mit seinen Lebensfragen – aus dem Weg gehen wollte.

Michael Kramer

Woher sollte er seine Kraft nehmen? Privat in einer kräftezehrenden Problematik, beruflich bekommt er nicht genügend Ressourcen in einer insgesamt unbefriedigenden und unsicheren Situation. Dass er blass und müde ist, scheint mir angemessen.

Die Basis für ein Coaching ist gut. Die Themen, die der Kunde nennt, sind zunächst passend:
• Orientierung,
• Überlastungsschutz, wobei Überlastungsschutz kein externer Schalter ist, sondern eine der Person innewohnende Fähigkeit, sich angemessen zu versorgen, ein passendes Gleichgewicht im Leben herzustellen, sich abgrenzen zu können und eigene Ziele strategisch verfolgen zu können.

Dies zu bearbeiten ist vermutlich ein längerer Prozess, denn er hat die Person des Kunden zum zentralen Gegenstand, ihre Haltungen, Gewohnheiten und Muster, Stärken und Schwächen.

Um sich dann neu ausrichten zu können, ist es für den Kunden wichtig zu sehen, dass und wie er Teil des Problems ist, dass er Situationen, unter denen er leidet, auch mit erschafft und ggf. sogar auf irgend eine Art braucht. Dies zu behaupten ist banal; dass dies nicht als Vorwurf und Kränkung beim Kunden ankommt, dass er damit produktiv arbeiten kann, ist die Herausforderung für einen guten Coach.

Eine weitere Betrachtungsebene ist die, welche bisher ungesehenen/ ungenutzten Steuerungsmöglichkeiten die diversen Elemente der Problemsituation beinhalten. Hat er sich in seiner privaten Situation alle Unterstützung geholt, die möglich ist? Wie hat er auf die Neu- und Mehrbelastungssituation ohne angemessene Ressourcenausstattung in der Firma reagiert? Haben die anderen, die Entscheidenden mitbekommen, dass für ihn hier etwas nicht stimmt?

Nach einer gemeinsamen Situationsanalyse, könnte ich mir denken, steht das Thema Konfliktfähigkeit an. Kann er mit Unterstützung einen Konflikt in der Firma um Ressourcen für seine Abteilung und ggf. zu Hause für seinen eigenen Raum wagen?

In Reorganisationsprozessen geht es ja oft ums Sparen (erstaunlich ist allerdings oft, wofür Gelder vorhanden sind und wofür nicht) und damit um oft sehr mächtige Sachzwänge. Das gleiche Thema beinhaltet eine private Situation mit einem sehr kranken Partner, die häufig den Zwang mit sich bringt, Aufgaben zu übernehmen und dabei die eigenen Bedürfnisse zu vernachlässigen. Beides Fragen nach Raum und Ressourcen, deren befriedigende Klärung Konfliktfähigkeit voraussetzt.

Welche anderen Steuerungsvariablen enthält die Situation? Betrachten wir seine Führungstätigkeit neben der eben erwähnten Konfliktfähigkeit, frage ich mich, ob er delegieren kann. Entlasten ihn seine Mitarbeiter angemessen? Diese fühlen sich nicht so belastet. Eine weitere Frage, die sich mir stellt: Wie hat er seine Abteilung strategisch positioniert? Offensichtlich nicht sehr erfolgreich. Wenn er in seiner beruflichen Tätigkeit und auch als Coachingkunde so gut verhandeln kann, so kann er diese Fähigkeit eventuell transferieren und für die Bereiche nutzen, die ihm noch nicht so gut gelingen.

Welche Visionen und Ziele hat der Kunde? Hier wäre ein Arbeitsfeld für das Coaching, denn auf Dauer reicht Schutz nicht. Nehmen wir seine Aussage ernst, er wolle einen Überlastungsschutz, dann will er die Situation ja nicht wirklich verändern, sondern nur Schutz davor. Ob das auf Dauer gelingt, ist fraglich. Ich befürchte, dass in einer Situation zugespitzter Dynamik, wie sie Reorganisationsprozesse darstellen, dieses Verhalten keinen Gewinn bringen wird und ihn weiterhin zum Getriebenen macht.

Dass die Themen erst jetzt auftauchen und im Coaching bearbeitet werden sollen, ist nachvollziehbar. Während der akuten Krise seiner Frau konnte er sich solche Fragen nicht leisten, da musste er funktionieren. Nun ist der Raum da, die Erschöpfung zu spüren. Diese Irritation zu nutzen und sich eventuell neu zu orientieren ist die Chance.

8.3 Theoretischer Hintergrund

 Selbstbild, Selbstwert, Identität, Selbstkomplexität
(Christine Kaul)

In Coachingprozessen ist Identität selten Gegenstand der gemeinsamen Betrachtung von Coach und Kunde. Der Begriff Identität meint die subjektive Gewissheit, dass ich unwandelbar ich bin. Die Kontinuität dessen, was ich als Ich begreife, von meinem Beginn bis zu meinem Ende, ist das Fundament psychischer Gesundheit – Zweifel an der Identität bis zu Identitätsverlusten sind damit Gegenstand therapeutischer Prozesse.

Das Selbstbild unterliegt dagegen Veränderungen. Nicht in Gänze, es gibt einen Kern der unveränderlichen Gewissheiten über mich, z.B. Eigenschaften, die unabdingbar für mein Selbstverständnis zu sein scheinen (sie sind es nicht!). Im Lebenslauf ergeben sich Veränderungen meines Selbstbildes, die sozialen Kontexte, denen ich längerfristig ausgesetzt bin oder in die ich mich aktiv hineinbegebe, verändern mein Selbstbild, sodass ich, manchmal für mich selbst überraschend, zu anderen oder neuen Überzeugungen über mich selbst komme.

Cluster des Selbstbildes sind:
* soziale Diskriminanz: »was mich von anderen unterscheidet«
* zeitliche Stabilität: »was mich auf Dauer kennzeichnet«
* biographische Bedeutsamkeit: »was wichtig war, dass ich bin, wie ich bin«

Das Selbstbild ist sozial bedingt. An uns gerichtete Meinungen, Erwartungen wirken wie soziale Aufforderungen, wir verinnerlichen ein Bild unseres Selbst.

Selbstwert ist der evaluative Aspekt des Selbstbildes: Ich bin extravertiert (Selbstbild) und das ist gut (Selbstwert). Der Selbstwert ist von zentraler Bedeutung für unser Wohlbefinden und unsere Lebensgestaltung. Selbstbild und Selbstwert sind unverzichtbare Merkmale personaler Identität.

Selbstkomplexität ist ein von Patricia W. Linville (1985) vorgelegtes Modell, welches das Selbst als multidimensional organisiert annimmt. Das Selbst ist als eine komplexe kognitive Struktur zu verstehen, die dazu dient, die Fülle von Informationen, die eine Person über sich selbst hat, zu verarbeiten und zu organisieren. Es ergeben sich mehr oder weniger große Schnittmengen zwischen einzelnen Selbstaspekten: Eigenschaften, soziale Rollen, körperliche Beschaffenheit etc.

Selbstkomplexität beleuchtet die Vielfalt und Vernetztheit, die Schnittmengen unterschiedlicher Selbstbildkomponenten eines Individuums. Die unterschiedlichen Schauplätze, Rollen, sozialen Kontexte meines Lebens werden unterschiedliche Selbstbildkomponenten aktualisieren: Je vielfältiger ein Individuum hier ist, desto stabiler ist es gegenüber Selbstbildkränkungen.

Im Coaching spielen Selbstbildbeschädigungen häufig eine Rolle. Eine Frage, die in diesem Zusammenhang mit dem Kunden diskutiert werden muss, ist, *wem* er Eingriffe in sein Selbstbild und Selbstwertgefühl gestattet. Wem erlaube ich Urteile über mich?

»Meint, was ihr wollt, je mehr ihr glaubt, über mich sagen zu können, desto freier werde ich von euch. Manchmal kommt es mir vor, als ob das, was man von den Leuten Neues weiß, zugleich auch schon nicht mehr gilt. Wenn mir in Zukunft jemand erklärt, wie ich bin – auch wenn er mir schmeicheln oder mich bestärken will – werde ich mir diese Frechheit verbitten.«

(Peter Handke, *Eine linkshändige Frau*)

 ### Das Konzept der Salutogenese
(Matthias Lauterbach)

Das Konzept der Salutogenese wurde von dem israelischen Medizinsoziologen Aaron Antonovsky in den 70er-Jahren des letzten Jahrhunderts entwickelt. Es beschreibt, wie Menschen gesund bleiben (im Unterschied zur Pathogenese, die erklärt, wie Krankheiten entstehen). Die Salutogenese spielt heute in der ressourcenorientierten Medizin, der Immunologieforschung usw. eine wichtige Rolle, und sie ist inzwischen auf andere Lebens- und Arbeitswelten übertragen worden.

Menschen bleiben eher auf der Seite größerer Gesundheit, wenn sie ihr Leben in den wesentlichen Bezügen für stimmig, kohärent halten. Man spricht von einem Gefühl der Stimmigkeit und des Vertrauens *(sense of coherence)*, das Menschen eine gute Grundlage für eine gesunde Entwicklung gibt.

Um Stimmigkeit, Kohärenz des eigenen Lebens zu erfahren, haben sich drei Dimensionen als wichtig herausgestellt:

1. die Verstehbarkeit, Vorhersehbarkeit, Durchschaubarkeit *(comprehensibility)* als kognitive Dimension: Stimuli der eigenen Umwelt werden als verständlich, strukturiert, vorhersagbar erlebt, woraus sich eine (sicher begrenzte) Vorhersagbarkeit ergibt.

2. die Handhabbarkeit *(manageability)* als kognitiv-emotionale Dimension: Es ist erlebbar, dass den Anforderungen und Stressoren passende Ressourcen zur Bewältigung gegenüber stehen (z.B. auch durch die Verfügbarkeit von externen Hilfsmöglichkeiten).

3. die Sinnhaftigkeit, Bedeutsamkeit *(meaningfulness)* als spirituelle, emotionale Dimension und als grundlegendes Motivationselement: Die Auseinandersetzung mit Stressoren wird als lohnenswert erlebt, die Stressoren sind in einen tragfähigen, sinnstiftenden Kontext eingebunden. Die Herausforderungen des Lebens werden als sinnvoll erlebt; es lohnt, sich zu engagieren.

Aus diesen Dimensionen lassen sich auch konkrete Leitlinien für die Gestaltung von Arbeitsprozessen und für die Gestaltung von Führungsverhalten ableiten. Dazu dienen die folgenden Fragen:

- Was müssen Führungskräfte tun, damit ihre Mitarbeiter verstehen, durchschauen, was passiert?
- Was müssen Führungskräfte tun, damit Mitarbeitern die Ressourcen zur Bewältigung ihrer Aufgaben zur Verfügung stehen?
- Was müssen Führungskräfte tun, damit Mitarbeiter einen Sinn erkennen in dem, was sie tun, und ihren Einsatz lohnend erleben?

Viele Führungsmethoden (Konkretisierung von Zielen, Rückmeldungsschleifen, ...) und Prozessgestaltungen (Informationsfluss, Schnittstellengestaltungen, Methoden des Projektmanagements, ...) werden in diesen Dimensionen wirksam. Sie lassen sich aus dem Blickwinkel der Salutogenese weiter optimieren.

Im Coaching richtet sich der Blick auch auf solche Zusammenhänge, zuerst auf die Stimmigkeit, Kohärenz im Leben des Kunden selbst. Mit diesem Konzept gelingt oft eine gute Sortierung der wichtigen Themenfelder des Coaching:

- Gibt es ein tragfähiges Gefühl der Stimmigkeit und worauf gründet es besonders?
- Wenn dieses Gefühl wenig ausgeprägt ist: War das früher anders?
- Welche Dimensionen sind besonders schwach oder stark ausgeprägt?
- Welche Arbeitsschritte ergeben sich daraus für das Coaching?

Zudem lässt sich Führungsverhalten reflektieren anhand der Dimensionen des Sense of Coherence, z.B. entlang folgender daraus abgeleiteter Fragen:

- Habe ich dafür gesorgt, dass meine Mitarbeiter verstehen, durchschauen, sich erklären können, was hier passiert?
- Habe ich dafür gesorgt, dass sie über die notwendigen Ressourcen verfügen oder sich verschaffen können, um die Herausforderungen zu bewältigen?
- Habe ich dafür gesorgt, dass sie wissen und überzeugt sein können, dass sich das Engagement lohnt, was der Sinn der Herausforderung ist?

Mit dem Konzept der Salutogenese erreicht man rasch eine größere inhaltliche Tiefe im Coachingprozess. Dies geschieht regelhaft dann, wenn die Dimension der Sinnhaftigkeit einbezogen wird: Welchen Sinn macht das, was er tut und wie er es tut? Was hat es für eine Bedeutung in Bezug auf so unterschiedliche Parameter wie seine Karriere, sein Ansehen, seine übergeordneten Lebensorientierungen, seine Familie etc.

Von den großen lebensgeschichtlichen Bögen (Wo komme ich her? Wo stehe ich jetzt? Wo will ich hin und wie und wozu?) bis in die Details der Arbeitsprozesse (Transparenz, Sinnhaftigkeit, ...) und der Kommunikationen (in alle Richtungen einer Organisation) kann das Konzept der Salutogenese gewinnbringend eingesetzt werden.

Im Coaching lässt sich damit ein für den Kunden plausibler, überschaubarer Prozess in angemessener Tiefe gestalten, zudem eignet sich das Modell auch für verschiedene Formen der Visualisierung.

8.4 Wie es weiterging

Dieser Coachingprozess ist noch nicht abgeschlossen. Zentrales Thema am Beginn waren Grenzziehung, Durchsetzungsvermögen und Selbstwerterleben in Bezug auf das berufliche Umfeld. Hier wurde der Kunde klarer in seinen Beziehungen und seinem Führungsverhalten und konnte sich durch konkrete Veränderungen der Arbeitsorganisation zunächst entlasten. Als zweiter Schwerpunkt wurde das Thema ›Balance der Lebensbereiche‹ bearbeitet.

Eine erneute Überlastungskrise mit beunruhigenden körperlichen Symptomen machte deutlich, dass die Frage seiner grundlegenden (Neu-)Orientierung noch aussteht und dies ihn für die alten Reaktionsmuster anfällig macht. Allerdings hatte diese erneute Krise und eine damit verbundene Krankschreibung zu einem Klärungsprozess geführt, der die private und berufliche Situation gleichermaßen erfasste. Erstaunlich war, wie intensiv in dieser Situation lebensgeschichtliche Ressourcen (Berufswünsche, Inhalte des seit langem eingestellten Familienunternehmens der Eltern etc.) aktiviert wurden, die jetzt in eine biografisch fundierte Neuorientierung münden.

9. Red Bull

9.1 Der Fall (Christine Kaul)

Der Kunde ist 54 Jahre alt und seit acht Jahren in einer öffentlichen Verwaltung tätig. Zuvor war er Topmanager in einem Hightech-Unternehmen. Dort hat er sich durch von ihm veranlasste und mit seinem Namen verbundene Reformen einen herausragenden Ruf als tatkräftiger, eigenständig und unkonventionell agierender Fachmann erworben. In den acht Jahren bei seinem neuen Arbeitgeber ist er in ähnlicher Weise kreativ und erfolgreich. Er gilt als Vorzeigemanager mit sichtbar beeindruckenden Arbeitsergebnissen.

Seit zirca zwei Jahren allerdings zieht er sich zunehmend aus dem operativen Geschäft zurück, beschränkt sich mehr und mehr auf repräsentative Aufgaben und delegiert die Personalführung an seinen Stellvertreter: »Ich bin ein alter Mann« ist seine Selbstbeschreibung im Erstgespräch. Ganz im Gegensatz zur verbalen Selbstdarstellung steht die Atmosphäre, welche die ersten zwei Coachingsitzungen prägt: Der Kunde gibt sich energiegeladen, temperamentvoll, ideenreich, sodass beide Gesprächspartner (Coach und Kunde) sich anschließend hochmotiviert, zuversichtlich und energetisiert fühlen.

Die Vorgeschichte zeigt: Nach einer schwierigen Kinder- und Jugendzeit hat sich der Kunde einen unaufhaltsamen sozialen Aufstieg erarbeitet, trotz seines Unwillens sich dem Anpassungsdruck der verschiedenen Unternehmen und Institutionen, denen er angehörte, zu unterwerfen. Durchgängig zeigt sich, dass er für den Aufstieg den schwierigeren Pfad wählte: z.B. Abitur auf dem zweiten Bildungsweg, Studium berufsbegleitend usw.

Sein Coachingziel ist es, ein gutes Ende seiner Berufstätigkeit zu gestalten und mit Zuversicht und neuen Plänen in den vorgezogenen Ruhestand zu starten.

9.2 Kommentare

Matthias Lauterbach

Wir hören und lesen die Geschichte eines jetzt 54-jährigen Mannes, der sich in seinem Leben – sozial weit unten startend – beständig nach oben entwickelt hat und nach großartigen Leistungen vor acht Jahren aus einer Spitzenposition der freien Wirtschaft in eine Behörde gerufen wurde. Auch hier konnte er bald Erfolge vorweisen, obwohl (und auch weil) er sich der Kultur dieser Organisation (auch äußerlich) nicht anpasste. Ein grandioser Lebensweg, der dem Selbstbild schmeichelt, der den Selbstwert wachsen lässt.

Was aber passiert dann? Er wird von außen als zunehmend müde beschrieben, als nicht gut für sich sorgend, als wenig initiativ. Im Gespräch mit dem Coach ist es anders: Er ist präsent, sprüht vor Energie, Coach und Kunde fühlen sich nach dem Gespräch wie aufgeputscht.

Betrachtet man den Lebensprozess des Kunden und seine ständige Aufwärtsbewegung bis zu erstaunlichen Höhenflügen, dann beantwortet sich die Frage nach der möglichen Bedeutung seines Einbruchs eben aus dieser Dynamik: Es gibt kein tragfähiges Muster, das so etwas wie Innehalten, Reflektieren, Neuorientierung ermöglicht. Es entsteht das Bild, dass seine Seele ständig hinter seiner Entwicklung herläuft, dass eine stimmige Verschmelzung seiner Werte, Sehnsüchte, Ziele mit seinen beruflichen Erfolgen noch aussteht. Damit verbunden ist die Frage, was er in den Jahren bis zu seinem Ruhestand macht, welche (Aufwärts-[?]) Bewegungen stimmig wären, seinem Älterwerden gerecht würden und wie er dann seinen nächsten Lebensabschnitt gestalten müsste. Käme jemand und gäbe ihm eine herausfordernde neue Aufgabe, wäre das Problem erst einmal aufgelöst, bzw. nach hinten verschoben. Nicht gelöst wäre dadurch das Problem, dass die Bestimmung seiner Werte, Ziele etc. zukünftig immer stärker von ihm selbst zu leisten sein wird und er hierfür noch schlecht vorbereitet zu sein scheint. Also würde das Innehalten bedeuten, dass er sich diese Situation bewusst macht, die damit verbundenen Unsicherheiten riskiert, eine Neubestimmung seiner Situation vornimmt und daraus seine nächsten beruflichen Schritte und dann später daraus die Vorbereitung auf den Ruhestand ableiten kann. Dann hätte das Ganze auch einen sicheren, mehr waagerechten Boden (im Unterschied zu dem Muster, ständig an einem Berghang nach oben zu klettern und bei Ruhepausen abzurutschen).

Der Kunde hat sich auf die Beraterin festgelegt, die ihm schon längere Zeit entsprechende Angebote unterbreitet hat. Sie berichtet von der Verführung, gemeinsam mit dem Kunden dessen eher energievolle und faszinierende Seiten zum Schwingen zu bringen, und sie sieht die Gefahr, »Energie zu unterstellen, wo keine ist«. Der Auftrag bezieht sich auf ein biografisches Coaching, als Vorbereitung auf ein weiteres ›volles Leben‹. Hier kann es passieren, dass die notwendige Tiefung des Prozesses verpasst wird. Der Kunde scheint wenig geübt, mit seinen leisen Seiten den ›schlaffen‹, vielleicht zweifelnden, fragenden Seiten in Beziehung zu treten. Sein Anliegen, in einen Coachingprozess einzusteigen, dürfte aber gerade in dieser Seite wurzeln. Gleichzeitig verunsichern solche Fragen auch. Aufgabe des Coaches ist es also, ihn zur Erkundung dieser Seite einzuladen. Dies bedarf einer guten und tragfähigen Beziehung, einer gangbaren Plausibilitätsbrücke (entsprechend metaphorisch ausgekleidet) und einer hohen Beharrlichkeit, um den Fokus immer wieder auf diese Dynamik zu konzentrieren.

Thematisch zeigt sich in diesem Coaching die Begleitung eines Kunden durch die Auseinandersetzung mit grundlegenden Lebensthemen, die aufgrund einer höchst erfolgreichen Karriere keine kontinuierliche Entwicklung gefunden haben.

Aufregend ist dieser Fall deshalb, weil von dem Coach das Kunststück vollbracht werden muss, mit dem Kunden zum Aufbau einer stabilen Beziehung mitzuschwingen und gleichzeitig zu der entstehenden, faszinierenden Resonanz in eine kritische Distanz zu gehen, um die notwendige Tiefung der Themen zu erreichen.

Reinhard Billmeier

Ein spannendes wie schwieriges Vorhaben: Ein gutes Ende der Berufstätigkeit zu unterstützen für einen sehr erfolgreichen Aufsteiger und wohl auch Dauerkämpfer unter Daueranstrengung.

Bemerkenswert fand ich sofort die Titelwahl zum Fall: »Red Bull«: »Verleiht Flügel«, wie man uns verspricht, in jedem Fall der Inbegriff für legales Aufputschen. Was putscht da wen auf? Der Coach fühlt sich nach den ersten Gesprächen mit dem Klienten energetisiert, ist in einem Hochgefühl des Mitschwingens auf hohem Level. Die verbale Äußerung, aber auch die Wahrnehmung der Umgebung des Klienten ist gegensätzlich: Dieser lässt nach, zieht sich zurück, überlässt das Feld seinem Stellvertreter.

Ist das gut? Ist das die richtige Vorbereitung auf einen neuen Lebensabschnitt, der nach anderen Prinzipien zu leben sein wird als die Jahrzehnte dauernde berufliche Erfolgsstory? In der Diskussion in unserer Arbeitsgruppe teilten wir alle die Sicht, dass es für den Klienten wohl um ein neues Paradigma von Lebensbewältigung gehen müsste, das zu dem Prozess des ›Immer höher, immer weiter‹ nicht mehr passen wird, und dass gerade dies für ihn sicher nicht einfach sein würde.

Krisen und Wendepunkte im beruflichen Leben können als fokussierte Prozesse der Orientierung auf den Lebenssinn begriffen werden (s.o. Theoriekarte › Existentielle und spirituelle Fragen im Coaching‹ Fall 7), und so glaube ich auch, dass sich in ihnen das Wesen der Person besonders deutlich zeigt, und dass die Krise darauf hinweist, dass ein Persönlichkeitsanteil bisher nicht (oder zu wenig) gelebt wird. Dabei geht es nach meiner Erfahrung nie um ein radikales Anders-Werden sondern um ein Erkennen auf einer tieferen Ebene, was existentiell zu mir gehört und was ich evtl. bisher so noch nicht als einen Teil von mir sehen und akzeptieren konnte. Ich werde durch die Krise kein anderer, sondern der, der ich ›eigentlich‹ bin, wenn ich mich von den alten Selbst- und verinnerlichten Fremdbildern gelöst habe.

Und so gibt es immer beides: Die Ressource des Stimmig-Seins, die sich ja im bisherigen Leben zeigt, und die Notwendigkeit des Loslassens von Mustern, die in der neuen Situation nicht mehr hilfreich sind (es aber irgendwann sicher einmal waren).

Für den Klienten in diesem Fall könnte das heißen, dass er in seinem bisherigen Leben nach den Impulsen Loszulassen, Nachzugeben, Innezuhalten suchen müsste oder jedenfalls der Sehnsucht danach, und dass er in sich nach Unstimmigkeit von Anstrengung, Aufstieg, Durchbeißen etc. zu suchen hätte. Dies wird die Gratwanderung sein: Die Kraft und die Fähigkeit des ›Immer wieder auf einer höheren Ebene beginnen‹ zu behalten und gleichzeitig zu überprüfen, was die negativen Aspekte für seine Person darin sein könnten. Für mich ist zu erwarten, dass der Klient das Potenzial eines kraftvollen Eintritts in diese Lebensphase besitzt, es ist auch zu erwarten, dass er den Zugang zu dieser Kraftquelle in sich wieder findet.

Es bleibt ihm zu wünschen, dass es ein Leben in einer derartig kraftvollen Qualität geben kann, ohne das Aufputschmittel des gewohnten Rampenlichts. Und es gibt immer wieder Menschen, die das auf eine gute Weise bis in ihr höchstes Alter hinein zustande bringen.

»Red Bull verleiht Flügel«, heißt der Werbeslogan dieses Energydrinks, der dem Konsumenten verspricht, ihn augenblicklich zu beleben, damit er »abheben« und fliegen kann und ihm Energie für »Action« zu liefern, die er mit Leichtigkeit und Lust bewältigen kann. Was bedeutet dieser Einfall für das Verstehen dieses Coachingprozesses?

Eine sehr angesehene Führungskraft mit einer beeindruckenden Karriere wird von der Umgebung als zunehmend müde und als nicht gut für sich sorgend wahrgenommen. Das erste Gespräch mit dem Coach findet erst statt, nachdem der Coach mit viel Ausdauer ihm immer wieder Angebote gemacht hat, die er mit der nicht ohne Koketterie vorgetragenen Begründung abgelehnt hat, er wäre dafür ja wohl zu alt. Erst eine konfrontierende Intervention bringt die Wende.

Im Coaching ist von der in seiner Umwelt wahrgenommenen Müdigkeit nichts zu spüren, er sprüht vor Energie, und löst bei seiner Beraterin Bewunderung aus. Das Coaching verbraucht allerdings recht viel Energie, was erst nach dem Ende der Sitzungen vom Coach realisiert wird. Die Sorge des Coaches ist es, im Coaching auf dem Boden der Tatsachen bleiben zu können. Der Kunde will das Coaching dafür nutzen, in vier Jahren, wenn er in den Ruhestand geht, weich zu landen.

Diesen Coachingfall kann man unter mehreren Perspektiven betrachten:

Karriereperspektive: Er hat einen steilen Aufstieg gemacht, nun ist die Frage, ob er sich auf dem Plateau, das er erreicht hat, einrichten kann; oder will und muss er sich den nächsten Gipfel suchen? Macht er so weiter in seinem bisher erfolgbringenden Muster (Aufstieg unter erschwerten Bedingungen) oder verabschiedet er sich von diesem Muster? Welche befürchteten oder realistischen Kosten hat das für ihn? Gibt es für ihn überhaupt noch eine Steigerungsmöglichkeit?

Organisationsperspektive: Kann sich die Organisation eine Person in einer so wichtigen Position leisten, von der in den nächsten vier Jahren vermutlich keine Innovationen mehr zu erwarten sind? Er hat sein fachliches Wissen nutzbringend für das Unternehmen eingebracht und kommt jetzt möglicherweise an Grenzen, er müsste vermutlich mehr von der Nutzung der Computertechnik im öffentlichen Dienst verstehen, um eine nächste Innovationswelle einzuleiten. Meine Frage an ihn wäre: Was will er für seinen Arbeitgeber in den verbleibenden Jahren leisten?

Persönliche Perspektive: Wie erlebt und bewertet er seinen Alterungsprozess? Wie kann er ihn verarbeiten? Aufgrund unserer Assoziationen in der Gruppe entstand bei mir ein Bild der Dualität: Entweder ein erfolgreicher, potenter, etwas raubeiniger Mann, der nie wirklich älter wird, oder ein alter müder Mann, der *Red Bull* braucht. Er hat bisher immer alles aus eigener Kraft geschafft, braucht er nun Energiezufuhr von außen, wird er abhängig von anderen? Wenn man unseren Assoziationen vertraut, müsste es im Coaching darum gehen, diese unerfreuliche Dualität aufzulösen und ein für ihn akzeptables Selbstbild zu entwickeln, das diese Ambivalenzen aufnimmt und relativiert.

Beziehungsperspektive im Coaching: Das eben beschriebene Schwanken zwischen den beiden Polen zeigt sich auch im Coaching. Er zögert lange, das Coaching zu beginnen, und sagt, dazu wäre er zu alt. Im Coaching typisiert er sich ausschließlich als erfolgreicher, nicht alternder Mann und er sucht sich den seiner Meinung nach besten und erfolgreichsten Coach aus. Hier besteht die Gefahr der wechselseitigen Idealisierung von Coach und Kunde und der Vermeidung unangenehmer Themen. Der Coach sagt, er möchte auf dem Boden der Tatsachen bleiben, was für mich ausdrückt, dass der Coach sich dem Sog der Idealisierung ausgesetzt fühlt. Ich empfinde es als heikel, diese Themen als weiblicher Coach mit einem Mann zu besprechen. Er hat sich eine Frau gesucht und nicht einen Mann, also wird diese Konstellation für ihn leichter sein. Ich würde die Informationen, die ich aus seiner Gestaltung unserer Beziehung erhalte, nutzen, um die gerade nicht gelebte Seite und die Diskrepanzen in den Selbstbildern anzusprechen, nicht jedoch die Beziehung selbst thematisieren, es geht ja schließlich nicht um Therapie. Es wird darum gehen, ihm den Nutzen der Selbstreflexion langsam zu erschließen.

Sebastian Krapoth

Die schriftliche Beschreibung der Ausgangssituation zeichnet das Bild von einem Kunden, der eine sehr erfolgreiche berufliche Laufbahn hinter sich hat und offenbar in einer Lebensphase angekommen ist, in der er sich mit der positiven Gestaltung seiner letzten Berufsjahre, vor allem aber mit Plänen und möglichen Inhalten seines Lebens im Ruhestand beschäftigen möchte. Sich in so einer Übergangsphase die Unterstützung eines Coaches zu suchen, spricht zunächst für eine grundsätzliche Offenheit und den Wunsch nach Reflexion seitens des Kunden.

Ich kann aufgrund der vorliegenden Informationen wenig wirklich Problematisches entdecken. Im Job scheint der Kunde sein Feld gut bestellt zu haben, er zieht sich aus dem operativen Geschäft zunehmend zurück, hat einen Stellvertreter, der Verantwortung übernehmen darf und soll, so-dass die rein äußerlichen Anforderungen der Arbeit erfüllt zu werden schei-nen und nicht unter dem allmählichen Rückzug des Kunden leiden müs-sen.

Es bleibt die Frage, ob die Organisation mit den Plänen des Kunden einverstanden ist; ob sie eventuell gerne noch länger von seiner Arbeits-kraft profitieren würde und mit den Zielen und Wünschen des Kunden (vorgezogener Ruhestand – oder schickt die Organisation den Kunden in den vorgezogenen Ruhestand? Dann wäre die Ausgangslage sicherlich anders) divergierende Vorstellungen hat. Sollte dem so sein, könnte ein Themenschwerpunkt sein, wie man eine Lösung findet, die dem Kunden einen guten Ausgang ermöglicht. Die Beschreibung klingt für mich aller-dings nicht so, als ob der Kunde keinen Einsatz mehr zeigen wollte, er hat nur offenbar zum jetzigen Zeitpunkt Ziele und Fragen, die Beruf und Kar-riere in den Hintergrund treten lassen.

Der Kunde hat Zeit seines Lebens hohen Einsatz gezeigt und ist bei seinem Aufstieg nie den Weg des geringsten Widerstands gegangen. Dass er sich nie einem Anpassungsdruck unterwerfen wollte, spricht für eine starke Persönlichkeit und innere Unabhängigkeit.

Es ist zu vermuten, dass in der Vergangenheit dennoch stets die berufli-chen Ziele Priorität im Leben des Kunden hatten. Insofern ergibt sich jetzt womöglich erstmals eine ganz andere Situation. Der Kunde wünscht Zu-versicht und neue Pläne für den Ruhestand, also eher für den privaten Bereich. Zuversicht verspürt er offenbar nicht, was angesichts der für ihn völlig neuen Situation nicht verwunderlich ist, er sieht sich mit Lebensfra-gen und -wünschen konfrontiert, die bislang nicht anstanden oder die er bislang erfolgreich verdrängen konnte.

Jedoch sprüht er vor Energie und Ideenreichtum, hat vielleicht schon Gedanken und erste Pläne, die er mit einem unabhängigen Partner durch-sprechen und reflektieren möchte. Vielleicht möchte er einfach aufpassen, nichts zu übersehen, nichts falsch zu machen, wirklich gut gewappnet in seinen nächsten wichtigen Lebensabschnitt gehen und sich dafür die Un-terstützung und positive Anstöße eines professionellen Gesprächspartners holen. Möglicherweise fehlt ihm auch die Fähigkeit, sich mit plötzlich aufkommenden Lebens- und Sinnfragen, die mit dem Beruf plötzlich gar nichts mehr zu tun haben, auseinander zu setzen – vielleicht macht ihm die Beschäftigung mit sich selbst auch Angst, aber er merkt gleichzeitig, dass er nicht (mehr?) davor weglaufen kann.

Ich möchte zunächst nicht unnötig nach Problemen suchen: Mir scheint hier einfach ein Kunde zu sein, der weiß, dass eine kritische Lebensphase

– der Übergang vom Berufsleben in den Ruhestand – ansteht und der demzufolge sorgfältig mit sich umgehen möchte. Dazu gehört für ihn die Unterstützung eines Coaches, der für ihn weitestgehend ein Sparrings- und kritischer Reflexionspartner sein wird.

Provokant gesagt könnte man meinen, der Coach ersetzt hier einfach nur einen vertrauten freundschaftlichen Gesprächspartner; mir wäre als Coach deswegen wichtig zu klären, worin genau eigentlich mein Auftrag besteht, welche Unterstützung der Kunde von mir erwartet. Über einen derartigen Einstieg kommt man voraussichtlich auch den Fragen und Themen des Kunden näher.

Interessant finde ich die Namensgebung des Falles: Kommt die Assoziation mit *Red Bull* auf Seiten der Fallgeberin dadurch, dass sie meint, der Kunde erwartet durch das Coaching einen Energieschub für die weitere Lebensplanung oder dadurch, dass die Gespräche mit dem Kunden auch auf sie selbst eine energetisierende Wirkung haben?

Michael Kramer

Nach der Lektüre des Falles entstehen folgende Assoziationen:

- Nach acht Jahren steht im Leben des Kunden wieder ein Wechsel an; wieso dieser in den Ruhestand führen soll, ist mir nicht klar und ist, denke ich, eines der möglichen Themen.
- »Alter Mann«, irgendwie muss er auf diese Idee gekommen sein, die so gar nicht seinem Energiestatus entspricht. Er hat alles erreicht, was man auf seiner Position erreichen kann, hat im Moment kein angemessenes Ziel, das lässt ihn ratlos und leer werden, es fällt ihm dann nur »alter Mann« ein.
- Aber schon die neue Situation ›Coaching‹ prägt er mit seiner Art und das obwohl zunächst noch gar kein Ziel klar ist.
- In der Ausübung seines Jobs hat er sich in letzter Zeit zurückgenommen und überlässt das operative Geschehen seinen Mitarbeitern. Was ist so schlimm daran, zeigt es doch eher einen gereiften Manager (s.u. Theoriekarte ›Reframing‹). Er hat dadurch Ressourcen frei und kommt dazu, sich mit bisher brachliegenden Fragen oder Themen zu beschäftigen. »Wie will ich die Zeit bis zur Rente und evtl. danach gestalten?« Vielleicht gibt es für den Kunden noch ungestillte Sehnsüchte, die in der Anpassungszeit notwendigerweise nicht befriedigt werden konnten.

Was sagt in diesem Zusammenhang der gewählte Titel: »Red Bull«? »Verleiht Flügel!« Gibt es ungeahnte Kräfte, von außen geliehen und nicht wirklich integriert? Der Kunde hat die Kraft, alle Situationen in seinem Sinne zu deuten. Dies könnte eine Verführungsgefahr für den Coach bedeuten, dort mitzugehen, wo scheinbar die Energie ist. Doch das ist ein Heimspiel für den Coachee und bietet ihm wahrscheinlich die wenig tieferen Lerngelegenheiten.

Eine Herausforderung dieses Falles ist, Auftrag und Kunden anzunehmen und ihn zu verführen, auf das zu schauen, was bisher wenig Gelegenheit hatte, zu leben. Intuitiv hat er diesen Prozess eingeleitet durch den Paradigmenwechsel der Ausübung seiner Managementtätigkeit.

Herausfordernd ist auch, den Kunden durch krisenhafte Entwicklungen, die im Zuge der intensiven Beschäftigung mit der neuen Thematik auftauchen können, zu begleiten, ihn zu stabilisieren und ihn immer wieder die Deutung anzubieten, dass Verunsicherung, Fragen, Orientierungsbedarf usw. kein Zeichen von Misserfolg sind, sondern Zeichen einer produktiven Auseinandersetzung mit dem Ziel, Sinnhaftigkeit und Erfüllung im kommenden Lebensabschnitt zu produzieren.

9.3 Theoretischer Hintergrund

Reframing
(Michael Kramer)

›Reframing‹ bedeutet ein bestimmendes Ereignis in einen neuen Rahmen setzen und ist ein wichtiges Werkzeug für den Coachingprozess.

Situationen sind nicht dadurch problematisch und oft unlösbar, dass sie an sich so wären, sondern durch die Art, wie wir sie betrachten und angehen. Eine der wichtigsten Funktionen von Coaching ist es, neue Perspektiven in ein System einzuspeisen. Es ist ja nichts Ungewöhnliches, dass Einzelpersonen oder Gruppen durch die ihnen eigenen Routinen und Muster sowie die sie umgebende Kultur mit deren Feedbacks einen ganz spezifischen Blickwinkel auf sich selbst und auf Situationen sowie bestimmte Verarbeitungsmechanismen für Problemsituationen entwickelt haben. Diese stellen jedoch oft nur einen bestimmten Ausschnitt aller möglichen und manchmal nötigen Optionen dar.

Oft bringt der Perspektivwechsel vollkommen neue Gefühle und Einschätzungen über eine Situation, in deren Folge neue Lösungs-

und Handlungsoptionen entstehen, die den Raum für weitere Entwicklung öffnen.

In den meisten Fällen geht es darum, Situationen, die als Problem oder als ungut definiert und bewertet werden, in einen neuen, positiven Rahmen zu setzen. Ein klassisches Beispiel hierfür ist die Krise, die von vielen als etwas Schlimmes, als Drama, als Gegensatz zu Erfolg gesehen wird. Betrachtet man sie jedoch als Anlass zum Innehalten und zur Umorientierung, als wichtigen Hinweis auf mögliche Fehlentwicklungen, dann kann man konstruktiv mit dieser Krise umgehen. Im Nachhinein kann man ihre segensreiche Wirkung dann oft klar erkennen.

10. Eichenholz

10.1 Der Fall (Kornelia Rappe-Giesecke)

Im Herbst des Jahres wird mir von Frau M. aus der Personalentwicklung eines Herstellers hochwertiger Bekleidung ein potenzieller Kunde avisiert, mit dem sie ein Vorgespräch geführt hat. Sie hatte ihm drei Coaches vorgeschlagen und er habe sich für mich entschieden. Der Wechsel in eine höhere Position stehe an, und es gehe um die Vorbereitung darauf. Ich sage ein Sondierungsgespräch zu und wir verbleiben so, dass der Kunde sich bei mir meldet, was dann aber nicht passiert. Ich habe die Anfrage schon fast vergessen und komme in einem Telefonat mit Frau M., das wir aus anderem Anlass führen, wieder darauf zu sprechen. Sie nimmt Kontakt mit ihm auf und er sagt, dass er das Coaching wolle, aber viel zu tun gehabt habe in letzter Zeit. Frau M. vermittelt eine Terminabsprache für Anfang Januar im Unternehmen. Zu dem vereinbarten Termin erscheint Herr C. dann zwanzig Minuten zu spät und sichtlich abgehetzt. In der Wartezeit verspüre ich mit der Zeit Ärger und frage mich, was dieser Einstieg bedeuten kann. Er entschuldigt sich, und ich frage, ob es ein besonders stressiger Tag sei. Nein, er lade sich oft so viel auf und werde dann damit nicht fertig, das sei ein Problem von ihm. Ich sage ihm, dass wir zur vereinbarten Zeit Schluss machen müssten, weil ich danach weg müsse. Er fängt gleich an sein Ziel für das Coaching zu benennen und sich mir in seinen Stärken und Schwächen vorzustellen. Er hat sich offenbar vorher überlegt, was ich wissen müsste. Er kommt aus dem kaufmännischen Bereich und ist als Abteilungsleiter für die IT-Unterstützung der Disposition zuständig.

Er wolle das Coaching, um ein »Review« zu machen, er sei in der Mitte des Lebens (Mitte fünfzig) und würde sich gerne seine Stärken und Schwächen anschauen und klären, ob die Art, wie er mit ihnen umgehe, die richtige sei. Seine Frau habe sich vor kurzem von ihm getrennt, was ihn sehr verunsichert habe. Seine Art die Trennung zu bewältigen sei es, das Haus umzubauen, nachdem sie ausgezogen sei. Er gestalte gern und habe das Bad als Südseelandschaft und den Garten mit Wasser und Brücken umgestaltet. Vor vielen Jahren habe er Eichenstämme gekauft, aus denen er nun

Möbel bauen wolle. Er mache die Dinge gern von Anfang bis Ende selbst. Ich frage ihn, wie seine Mitarbeiter das fänden. Na ja, nicht so gut, antwortet er. Er kommt auf die Führungsrolle und sagt, er hasse Bürokratie, sei eher kooperativ und spontan. »Was will ich in Zukunft?« »Will ich eigentlich etwas ändern?« In diesen beiden Fragen fasst er seine bisherigen Ausführungen zusammen.

Beruflich habe er das Angebot nach Amerika zu gehen und eine höher dotierte Position einzunehmen, aber das Land reize ihn nicht. Es gibt und gab auch immer wieder Angebote aufzusteigen, aber er habe sich lieber bedeckt gehalten, er wollte diese Führungspositionen nicht. Ich frage ihn, ob seine Ablehnung damit zu tun haben könnte, dass er die mit diesen Positionen verbundene Zunahme an politischem und administrativem Handeln nicht wolle und er dann noch stärker aus dem operativen Geschäft herauskomme und noch weniger Möglichkeiten hätte, Produkte von Anfang bis Ende begleiten zu können. Das bejaht er und meint, eigentlich sei er mit seiner jetzigen Position ganz zufrieden.

Die einzige Situation, in der ich ihn in diesem Gespräch begeistert erlebt habe und die mich berührt hat, ist seine Schilderung einer Tour durch die Wüste. Er war in einer Niederlassung des Unternehmens in Nordafrika tätig und hörte davon, dass die Wüste blühe. Am nächsten Tag habe er sich freigenommen, sich ins Auto gesetzt und sei gefahren und gefahren, und habe lange vergeblich gesucht, bis er die blühende Wüste gefunden habe. Er sei eine lange Zeit zwischen den Blumen herumgelaufen und sei überwältigt gewesen. Ich spüre seine Begeisterung und seine Zufriedenheit, mich erinnert sie an Flow-Erlebnisse, die entstehen, wenn man das Gefühl hat, eins mit der Welt oder der Natur zu sein.

Gegen meine gesetzte Zeitgrenze verstoße ich selbst, ich schaue nicht auf die Uhr, wir überziehen die Zeit und ich muss mich sputen. Es ist ganz selbstverständlich für ihn, dass wir miteinander arbeiten werden. Ich gebe ihm schon in diesem Moment eine Zusage, was ich nicht immer tue. Auf der Autofahrt zurück entwickelt sich in mir ein Gefühl von Eingesponnenwerden, das mich sehr vorsichtig werden lässt. Ich überlege, in welche Rolle er mich bringt, welches Thema er mit mir inszeniert hat. Daneben empfinde ich eine starke Sympathie für den Menschen, der mit großer Sicherheit weiß, dass er die blühende Wüste suchen und sehen muss und sie auch findet.

10.2 Kommentare

Sebastian Krapoth

Am meisten irritiert mich zunächst die Situation schon vor dem ersten Aufeinandertreffen des Coaches mit dem Kunden. Frau M. aus der Personalentwicklung fragt beim Kunden nach, nachdem dieser sich nicht wie abgesprochen beim Coach gemeldet hat und vermittelt später sogar den ersten Termin zwischen den beiden. Will der Kunde sich wirklich coachen lassen oder lässt er sich aus welchen Gründen auch immer schließlich dazu drängen?

Zum Termin kommt er deutlich zu spät, die Fallgeberin fragt sich zu Recht, was das alles zu bedeuten habe. Der Kunde zeigt sich gut vorbereitet, wie jemand, der seine Hausaufgaben für das erste Gespräch sehr gut gemacht hat, und zählt sein Ziel für das Coaching, seine Stärken und Schwächen auf.

Ich bleibe skeptisch und werde das Gefühl nicht los, dass sich hier jemand vielleicht aus gutem Willen der Frau aus der Personalentwicklung gegenüber zu einem Coachingprozess entschlossen hat, den er selbst nicht zwingend initiiert und für notwendig befunden hätte. Darüber hinaus wirkt sein Auftritt auf mich inszeniert. Das muss nicht heißen, dass er nicht bestimmte Fragestellungen hat, die er zielführend mit seinem Coach bearbeiten kann, aber die Initiierung des Coachings hinterlässt bei mir einen Beigeschmack, der mich ähnlich wie die Fallgeberin sehr vorsichtig werden lässt.

Die Kontraktierung schließlich erfolgt auf eine Art, über die man sich wieder wundern kann: Der Kunde geht ganz selbstverständlich davon aus, dass er nun mit der Fallgeberin arbeiten wird, diese sagt sofort zu, was sie sonst nicht tut und auch ohne das eigentliche Ziel des Coachingprozesses mit dem Kunden abschließend geklärt zu haben. Das passt nicht zu der zähen Vorgeschichte und der dabei eher passiven Rolle des Kunden sowie der sonstigen Vorsicht der Fallgeberin.

Der Kunde wird das viel weniger dramatisch sehen: Er hat sich nun einmal dazu entschlossen, das Coachingangebot wahrzunehmen, also geht er da hin, bereitet sich anständig auf die Situation – so wie er sie erwartet – vor, spricht mit der Dame und irgendetwas wird es schon nützen.

So merkwürdig kommt sein Verhalten bei mir an, und wieder passt das eigentlich nicht zu der Situation des Kunden: Denn er befindet sich wirklich in einer Lage, in der Unterstützung hilfreich sein könnte. Seine Frau hat sich gerade von ihm getrennt (das hat ihn sehr verunsichert, aha …)

und beruflich weiß er überhaupt nicht so recht, was und wohin er will, fühlt sich in der jetzigen Position aber ganz wohl. Seine Aussagen zum Job klingen für mich etwas wirr.

Bei mir bleiben viele Fragezeichen. Was will das Unternehmen von diesem Mitarbeiter? Wo sieht das Unternehmen, wo sehen seine Mitarbeiter seine Stärken und Schwächen? Wie sieht er sie selber? Da der Kunde diese Fragen als Thema selbst anbietet, kann ich es mir hilfreich und strukturierend vorstellen, sich als Einstieg mit seinem Selbstbild und der Fremdwahrnehmung zu befassen. Man könnte über ein Feedbackverfahren Urteile aus seinem beruflichen Umfeld einholen; wenn dies nicht gewünscht ist, bliebe mir zunächst nur die Möglichkeit, den Kunden mit meiner Wahrnehmung und meiner Irritation zu konfrontieren.

Vorher möchte ich aber genauer wissen, was er wirklich von dem Coaching erwartet und wozu er meine Unterstützung haben will. Vielleicht frage ich ihn nach dem ersten Gespräch auch, ob es für ihn in der aktuellen Situation nicht besser wäre, sich noch einmal zu überlegen, wozu er das Coaching will, um dann mit etwas Abstand und aus eigenem Antrieb bei Bedarf zu einem weiteren Gespräch zu kommen.

Matthias Lauterbach

Der 54-jährige Kunde steigt nach einigen Verzögerungen in einen Coachingprozess ein. Seine persönliche Lebenssituation, seine Grundeinstellungen, seine Hobbys, die aus der Biografie erzählten Episoden lösen – auch in der Diskussion des Falles – eine starke Fokussierung auf die Person des Kunden aus. Unterstützt wird dies dadurch, dass der Coach den Kunden bei den Berichten über sein privates Leben als energievoll, in den Passagen über seinen Arbeitsbereich jedoch eher als kraftlos erlebte.

Das, was wir über die privaten Zusammenhänge hören, hat natürlich Auswirkungen auf seinen beruflichen Weg:

- Er wirkt sehr festgelegt auf den Ausbau seines Hauses, wo er sich die Welt von draußen hereinholt (Brücken im Garten, Südseelandschaft mit Sand im Bad). Er schafft sich Sicherheiten, ein kontrollierbares Terrain, eine elaborierte Gartenzwerglandschaft auf hohem handwerklichen Niveau.
- Eines der Grundprinzipien ist es, die Dinge von Anfang bis zum Ende selbst zu machen (20 Jahre abgelagerte Eichenbalken zur Herstellung von Möbeln – auch des eigenen Sarges?) – auch hier ist das Prinzip der Sicherheit, Dauerhaftigkeit, Unbeweglichkeit und Kontrolle enthalten.

- Er ist eigentlich mit seiner Lebenssituation zufrieden – wäre seine Frau nicht davongelaufen, die er wohl irrtümlich für einen Teil der Gartenzwerglandschaft gehalten hatte und die ihn in ihrem abschließenden Statement offenbar tief verunsichert hat. Reaktiv intensiviert er seine Anstrengungen, seine Lebenswelt in und um sein Haus auszubauen.

Hinter diesem bedrückenden Szenario kann man eine grundlegende Lebensverunsicherung vermuten. Wozu holt der Kunde sich aber dann mit dem Coaching eine erneute Beunruhigung ins Feld und wählt auch noch eine Frau als Coach? Es kann vermutet werden, dass sich im Widerstreit von Verunsicherung vermindern / Sicherheiten schaffen einerseits und Lebendigkeit andererseits sein Leben in der Gesamtbilanz doch sehr öde anfühlt. Wo sind die Blumen in der Wüste, die ihn einst so fasziniert haben?

Was hat das alles aber mit Coaching zu tun? Welches Interesse hat das Unternehmen an dem Kunden, an seinen Fähigkeiten und Ressourcen?

Die skizzierte private Lebenssituation ist ja das Abbild seiner inneren Prinzipien. Diese machen ihn auch im Arbeitsbereich unbeweglich, lassen ihn vieles kontrollieren, absichern und/oder selber erledigen. Er wird Teamarbeit kaum wirklich konstruktiv gestalten können. Umstrukturierungen dürften ebenfalls nicht zu den bevorzugten Situationen des Kunden gehören, einen Auslandseinsatz hat er schon mit merkwürdig klingenden Argumenten ausgeschlagen. Da die Wahrscheinlichkeit groß ist, dass er in seinem Unternehmen auch von den zahlreichen Umstrukturierungen betroffen ist, könnte hier ein großes Interesse des Unternehmens liegen, dass er sich entwickelt, flexibler, energievoller wird und wieder stärker einen Sinn in dem erlebt, was er tut. Dieser Sinn scheint bei seinen Absicherungsbemühungen auf der Strecke geblieben zu sein.

Nach dem Vorgespräch steht die Klärung des konkreten Anliegens und des Zieles eines Coachingprozesses noch aus. Aus den Informationen im Vorfeld der Kontaktanbahnung war die Entwicklung in höherdotierte Positionen als Anliegen vermutet worden, im Vorgespräch war aus dieser zukunftsgerichteten Perspektive eine vergangenheitsorientierte geworden (»persönliches ›Review‹«). Vielleicht ist das ja die Möglichkeit des Kunden, sich überhaupt auf seine Veränderungswünsche einzulassen: dass er eine vergangenheitsorientierte Bilanzierung macht, die ihm im wohlwollenden Gespräch mit dem Coach eine sichere Basis schafft, um dann auch in die Zukunft zu schauen. Vielleicht können auch dann erst Anliegen und Ziel nachjustiert werden.

Ich glaube, dass es in dem Coachingprozess darauf ankommen wird, immer wieder die betriebliche Perspektive einzuspielen: Was erwarten Mitarbeiter, Kollegen, Vorgesetzte von ihm? Was erwartet das Unternehmen von seinen Fähigkeiten, Ressourcen? Wie passen seine persönlichen Perspektiven und die betrieblichen Entwicklungen zusammen? Welchen Sinn macht seine inhaltliche Arbeit für seinen Lebensprozess? Welche Entwicklungen stehen in seinem Arbeitsbereich an und wie will er sie gestalten?

Die Themen, die sich in diesem Coachingfall besonders deutlich markieren, beziehen sich

- auf die Abgrenzung der Coachings von anderen Formen der Lebensberatung/Therapie,
- auf die Frage der Balance zwischen individuellen, biografischen Themen und den Themen, die sich auf die Aufgaben im Unternehmen beziehen – in Abhängigkeit von dem Anliegen des Kunden, und
- auf die Frage nach dem Umgang mit dem Beziehungsangebot des Kunden an den Coach: Du begleitest mich, das ist längst klar, aber ordne dich in meine Welt ein und störe nicht.

Michael Kramer

Aus der Fallbeschreibung ergibt sich das Bild eines sehr einsamen Menschen mit einer eingeschränkten Beziehungsfähigkeit. Schwer vorzustellen, dass hier die geeignete Person für eine höhere Managementlaufbahn vor uns sitzt. Zweifel im Übrigen, die der Kunde zu teilen scheint.

Es entsteht ein Bild voller Brüche und Widersprüche, die diesen Fall – so ein akzeptables Arbeitsbündnis zustande kommt – interessant erscheinen lassen.

Einerseits bekundet der Kunde zufrieden zu sein mit seinem momentanen Status, andererseits wird als Auftaktgrund für ein mögliches Coaching eine höhere Position genannt.

Einerseits scheint der Kunde ein Mensch zu sein, der recht ehrlich zu sich ist, wie die Aussage, er sei durch den Weggang seiner Frau verunsichert, oder er wisse nicht genau, was er wolle, nahe legt. Er ist vorbereitet auf das erste Gespräch und will sich seine Stärken und Schwächen anschauen, alles Elemente einer guten Basis für einen Coachingprozess. Andererseits ist mir sein Anliegen für ein Coaching noch nicht wirklich klar geworden. Was hätte er gemacht, wenn die Personalentwicklerin nicht nachgehakt hätte? Wo ist seine Energie? In diesem Zusammenhang macht seine Aussage, er wisse nicht was er wolle, ebenfalls viel Sinn. Will er wirklich etwas ändern? Eine klassische und sehr ehrlich geäußerte Frage, die das Dilemma (und damit mit Sicherheit ein wesentliches Thema im Coaching) zum Ausdruck bringt: etwas anders haben zu wollen, sich aber nicht verändern zu wollen. Ein Dilemma, das im Grunde viele Personal- und Organisationsentwicklungsprozesse begleitet. Was er nicht will – USA, Topmanagement – weiß er schon klarer. Dies ist ein Ansatzpunkt für viele Fragen an den Kunden und uns selbst und beinhaltet mögliche Themen: Was befürchtet er da, was irritiert ihn, was fehlt ihm dort, was braucht er, wie steht das in Zusammenhang zu seinem Selbstbild, zu seinen wahrgenommenen Stärken und Schwächen?

Die Geschichte zeigt einen verlorenen, in Bezug auf andere Menschen wenig sinnlichen und kontaktvollen Mann, der im Umgang mit den Dingen und im Machen eher seine Erfüllung zu empfinden scheint. Insofern sehe ich seinen Unwillen, nicht weiter in der Hierarchie nach oben klettern zu wollen, als sehr gesund und realitätsgerecht an. Wieso gibt er es dennoch als einen Coachinggrund an? Es entsteht das Bild eines Menschen ohne inneren Zusammenhang, fragmentarisch, sich an äußeren Projekten festhaltend. Erzeugt dies alles einen Impuls der Fürsorglichkeit bei dem Coach?

Der Kunde und die Beschreibung laden zu vielen auf die Person bezogenen Fragen und Themen ein. Was wären seine explizit berufsbezogenen Themen, wie will oder könnte er den Coach hier nutzen?

Das Persönliche und Private steht im Vordergrund. Dies scheint mir ein Phänomen und Thema an sich zu sein. Ist es die Reaktion auf ein existierendes Ungleichgewicht in seinem (Berufs-) Leben, eventuell auch ein Grund für das Scheitern seiner Ehe? Wird hier die Coachingsituation genutzt, um ein Bedürfnis abzudecken, das eigentlich an andere mehr Erfolg versprechende Stellen einer Lebensgestaltung gehört? Ist es ein Weg, den Coach zu (ver-)führen und den Prozess zu steuern? Dies sind Fragen, die Anknüpfungspunkte in einem gemeinsamen Suchprozess darstellen und sich im Laufe der Arbeit entweder zu einem Thema verfestigen oder im Hintergrund verschwinden. Eine Anfangssituation ist wie ein Tanz, die beschriebene Situation zeigt das besonders schön. Der Tanz wiegt sich von einer Seite zur anderen. Der Kunde führt an Stellen, die bei dem Coach Gefühle auslösen und über die sie sich Gedanken macht (Zu-spät-Kommen, Überziehen, Themenwahl, sofortige Zusage zum Losarbeiten usw.). Dies ist weder gut noch schlecht. Wie der Tanz verläuft, liefert uns wertvolle Hinweise auf die Art, wie der Kunde funktioniert und welche Themen anstehen. Wenn wir Resonanzkörper für den Coachee sein wollen, dann müssen wir zunächst auch mitschwingen.

Was mich als Coach zu Fragen und einer Klärung veranlassen würde, ist die Tatsache, dass die Aufregung, die Berührung, die Energie an einem Punkt der Erzählung der Vergangenheit liegt, der Wüstengeschichte. Wo ist seine Energie heute, was will er mit dem Coach erreichen oder bearbeiten? Wo ist seine und damit auch meine Aufregung und Interessiertheit heute, jetzt? Ob dieser Punkt zunächst im Privaten oder Beruflichen liegt, halte ich für sekundär.

In dem Zusammenhang sind natürlich die Phänomene des Zu-spät-Kommens und des Nichtanrufens wieder von Bedeutung. Ein Kontrakt mit eingebauter Überprüfung nach zwei bis drei Sitzungen ist hier sinnvoll, denn wenn jemand ehrlich sagt, er weiß nicht, was er will, dann werden wir ihn auch in einem Kontraktgespräch zu keiner spezifischen Zielaussage bringen können.

Reinhard Billmeier

Die für mich beherrschende Qualität dieser Fallbeschreibung ist ›Widersprüchlichkeit‹. Sie fällt zuerst in der Selbstreflexion des Coaches auf, die zur Vorsichtigkeit führt: Kein Wunder, hat sie doch mit Ärger auf das späte Kommen (und mit dem sinnvollen Vorsatz, selbst eine Zeitgrenze zu setzen) begonnen, und dann das eigene Zeitbudget, vermutlich aus dem Nähe- und Sympathiegefühl zum Klienten heraus, überschritten. Das Zu-spät-Kommen und das selbstverständliche »Sie sind mein Coach« sind erst mal ein Widerspruch.

Ein weiterer Widerspruch ergibt sich in der Selbsteinschätzung: »Ich bin zufrieden, wo ich bin« und den offensichtlich veritablen Veränderungsangeboten, die er erhält. Dies wird auch in der Auftragsformulierung der internen Vermittlerin deutlich (Vorbereitung auf höhere Position) und seinem eigenen Auftrag zum »Review«, mit dem scheinbar vorweggenommenen Ergebnis: »Will ich eigentlich etwas ändern?«

Der dritte Widerspruch liegt in dem angedeuteten Schock über die Trennung durch seine Frau und der Energie, die er nun in den Ausbau des Hauses (ein Nest für wen?) steckt. Dass er das titelgebende Eichenholz dabei verbaut, weckt Assoziationen im Bedeutungsfeld Dauer, Beständigkeit, Ewigkeit im Gegensatz (Widerspruch) zu den erlebten und geforderten Veränderungsprozessen.

Der stärkste Widerspruch liegt für mich in dem faszinierenden Bild der »blühenden Wüste«. Die Verzauberung, welche die Kollegin bei der Schilderung dieser eher privaten Lebensepisode erlebt hat, hat sich in unsere

Arbeitsgruppe hinein atmosphärisch lebendig mitgeteilt und unsere Diskussion über weite Strecke bestimmt. Dadurch ergab sich auch ein in meinen Augen (zunächst) unangemessener Fokus auf die private Situation und eine geringe Beachtung seiner beruflichen Themen, ein weiterer Widerspruch, denn der Coachingkontakt resultiert ja aus diesem Feld.

Auch ich bin überzeugt, dass es in diesem Coachingprozess um eine starke Persönlichkeitsthematik gehen wird, in der geschilderten Anfangssituation gibt es dazu auch den Ansatz des Kunden, sich seine Stärken und Schwächen anzuschauen in einem »Lebensmitte-Review« (wieder Eichenholz: Will er 108 Jahre alt werden?).

Neben diesen Widersprüchen, die auf vielen Ebenen interessante Einstiegsthemen abgeben, scheint mir noch die Ebene wichtig, die von der Fallgeberin als »eingesponnen« thematisiert wird: Ich nenne es ›Verführung‹. Natürlich nicht im klassischen sexuellen Sinn (wenngleich möglicherweise auch als Mann-Frau-Thema), aber zuallererst im Sinne einer Inszenierung, eines Spiels, das die Frage aufwirft, ob der Klient sein Leben in einem unbewussten Anteil nach diesem Motto gestaltet. Ein derartiges Spiel hat ja die Konsequenz (und den primären Gewinn) darin, dass ich manipulativ meine Umgebung dazu bringe, alle möglichen Veränderungen vorzunehmen, um selbst bleiben zu können, wer und wie ich bin. Hier wäre ein Nachfragen über die Trennungsdynamik mit seiner Frau sinnvoll. Und wieder sind wir im Privaten.

Ich möchte hier noch einmal das bewegende Bild der Blumen in der Wüste aufgreifen. Wenn gesagt wird, hier wäre als einzige Situation des Erstgesprächs Begeisterung zu spüren gewesen, dann ist dieses Bild auch dazu prädestiniert, als Leitsymbol (s.u. Theoriekarte ›Leitsymbole‹) für diesen Coachingprozess zu dienen. Es stellt eine ebenfalls symbolische Verbindung von privatem und beruflichem Bereich her, denn es wurde an einem Tag, an dem er sich extra dafür dienstfrei genommen hatte, erlebt.

Auf eine metaphorische Art ausgedrückt, würde ich mich in diesem Prozess mit dem Klienten auf die Suche machen nach den Blumen in der beruflichen Wüste – und dabei würde sehr viel Reflexion aus dem privaten Erfahrungsbereich für eine solche Sehnsuchtsthematik hilfreich sein; dies hat die Diskussion des Falles in unserer Gruppe deutlich wiedergespiegelt.

An diesem Fall wäre es auch besonders interessant, in einer abschließenden Gesamtschau zu untersuchen, wie umfassend und möglicherweise vollständig die Themen des Prozesses, auch in maskierter Form, in diesem Erstkontakt ausgebreitet sind; dazu zähle ich neben den vom Klienten gelieferten Daten insbesondere die vom Coach reflektierten Beziehungswahrnehmungen unter dem Stichwort ›Inszenierung‹.

Das Gefühl von Eingesponnenwerden – ich kann es so gut nachempfinden! Der Kunde besitzt offensichtlich eine Gabe, um die man ihn beneiden könnte: Er kann sich die Realität schön reden. Er kann eine Schönheit für sich genau dort suchen oder schaffen, wo er gerade (mental oder räumlich) ist. Er wendet das Schlechte (Trennung von der Ehefrau) zum Schönen (Umgestaltung des Hauses). Viele andere, wenn nicht die Mehrzahl, hätten das verwaiste Haus verlassen wollen, er aber schafft sich eine Traumlandschaft.

Dieser Kunde genügt sich selbst. Er macht die Dinge gern von Anfang bis Ende selbst; er macht auch die Dinge selbst, die andere allenfalls in Teilen nach Hause schaffen und nur noch mit dem Inbusschlüssel zusammenschrauben. Wo nichts Reizvolles zu erwarten ist, da will er nicht hin. Auch im sozialen Umfeld soll es ›schön‹ sein, formalistische Fremdbestimmung (Bürokratie) mag er nicht, er ist gern spontan, mit den Menschen möchte er in Harmonie leben (kooperativ = gemeinsam tätig sein). Das hat etwas von Bescheidung/Bescheidenheit, aber auch von Autarkie und Selbstbezogenheit.

Eigentlich, so können wir, nicht nur in Bezug auf seine jetzige Position, sagen, ist er ganz zufrieden. Woher also dieser Wunsch nach Nochmal-Hinsehen (»Review«), nach dem fremden Blick auf das eigene Leben? Was möchte er erfahren?

Was wäre, wenn der ›Lebensfremdbegutachter‹ zu dem Urteil käme: »Das war aber nix!« Um keine Missverständnisse aufkommen zu lassen: Natürlich wird sich kein professioneller Coach auf die Rolle eines ›Lebensbegutachters‹ einlassen und sich zu einer solchen unverfrorenen Wertung versteigen. Es geht mir hier einfach um einen kleinen fantasierten Dialog: Was würde passieren, wie würde die Reaktion des Kunden ausfallen? Er würde das Verdikt zur Kenntnis nehmen, das Coaching beenden, als ›unnötige Erfahrung‹ abhaken und weiterhin »eigentlich ganz zufrieden« sein. Dies halte ich für wahrscheinlich.

Ich werde die Vermutung nicht los, dass es bei diesem Coachingwunsch primär um kleinere Schönheitsreparaturen geht.

Beim nächsten Coachingtermin möchte ich den Kunden um folgendes bitten: »Erarbeiten Sie Ihren eigenen Nachruf. Stellen Sie sich vor, in 30 bis 40 Jahren steht einer Ihrer Weggefährten, wohlmeinend, aber sachlich, an Ihrem Grab und spricht über Sie, den Dahingeschiedenen. Wie wird diese Rede sein?« Mit der Erlaubnis des Kunden werde ich die Rede mit dem Kassettenrecorder aufzeichnen, um anschließend in dieser und der folgenden Coachingsitzung den Nachruf mit dem Kunden zusammen zu analysieren.

Dieser Blick zurück, die imaginierte Bilanz ist häufig eine emotionalisierte und mühevolle Arbeit mit dem Kunden, die sich aber lohnt: Die Tatsache, dass ich irgendwann einmal *keine* Optionen mehr haben werde, lässt dem heute Geschehenden eine Bedeutung zuwachsen, die ich im Erlebensalltag übersehe oder überschätze. Die wertende Erinnerung verändert die Geschichte. Gemeinsam mit dem Coach sollte es dem Kunden gelingen, Sinn zu konstruieren in dieser Autobiographie. »Ich habe die blühende Wüste gesehen« kann in einem Lebenskontext hohen Symbolwert haben und Leuchtfeuer sein – in einem anderen Lebenskontext dagegen eine Banalität unter anderen, von denen wir im Leben nie verschont bleiben.

Die Autarkie des Kunden ist eine wertvolle Ressource. Sie hat ihm ermöglicht, die Verunsicherung durch die Trennung von seiner Frau in gestalterisches Tun zu verwandeln. Diese Autarkie ist aber möglicherweise auch einer der Gründe, warum seine Frau das Weite gesucht hat: Selbstgenügsamkeit, Selbstbezogenheit schließt signifikante Andere aus dem Leben aus (mindestens jedenfalls in deren Wahrnehmung).

Auch diese Fragestellung ist mit dem Kunden zu bearbeiten und ist wahrscheinlich im weiteren Coachingprozess ein ohnehin virulent werdender Aspekt. Nach dem anfänglichen »Einspinnen« des Coaches – wann wird er mit dem Rückzug in sich selbst die Ausschließung des Coaches aus seinem Leben beginnen? Wann wird er sich die Einflussnahme des Coaches verbitten? Dies wird nicht offen passieren, aber es werden genügend Zeichen vorhanden sein, die dem Coach das Ende der Beziehung signalisieren.

10.3 Theoretischer Hintergrund

Leitsymbole

(Reinhard Billmeier)

Oft ergibt es sich in einer der ersten Sitzungen, dass ein Klient über ein Thema spricht, bei dem eine besondere Beteiligung und Erregung spürbar ist. Wenn dieses Thema außerdem eine bildhafte Komponente enthält, wie es in diesem Fall berichtet wurde, kann man mit dieser Erfahrung gut im Sinne eines Leitsymbols für den gesamten Coachingprozess arbeiten.

Im obigen Fall sprach die Fallgeberin von der spürbaren »Begeisterung«, die in auffälligem Gegensatz zur sonstigen Wahrnehmung des Klienten stand, als dieser über sein Erlebnis in der Wüste sprach. Dies hat eine besondere Qualität, die nur in der Situation selbst (oder der Spiegelung; s.o. ›Spiegelungsphänomene‹ Fall 2) der Situation in der Intervisionsgruppe) gefühlsmäßig und intuitiv spürbar ist: Ein aktuelles (Oberflächen-) Thema, wie hier das Erstgespräch zur Karrierereflexion steht dann mit den tieferen Schichten der Person in Resonanz (lat.: per-sonare = hindurch tönen). Dieses kann eine Ahnung von existenziellen (spirituellen) Wahrheiten über das Leben einer Person geben, meist Wahrheiten, die nicht in den Kontext von Lernen im Sinne einer steuerbaren Verhaltensänderung, sondern von Lernen im Sinne von gefühlsmäßig berührender Selbsterkenntnis stehen: Wenn ich verstanden habe, was dieses Bild mir bedeutet, weiß ich (besser) wer ich bin; dieses Bild kann mir wie eine ›Vision‹ Richtung geben und Antrieb sein.

Damit als Leitsymbol zu arbeiten, bedeutet, dass der Coach dieses Bild immer dann dem Klienten als ein Bild innerer Bedeutsamkeit anbietet, wo Fragen auftauchen, für die es keine einfachen rationalen Antworten gibt. Das Symbol ist wie ein Edelstein oder ein Hologramm, in dem sich existenzielle Facetten des persönlichen Lebenswegs widerspiegeln und bietet oft Lösungen auf Ebenen an, die sich intellektuellem Zugang verwehren.

Szenisches Verstehen
(Kornelia Rappe-Giesecke)

Wenn ich einem Kunden das erste Mal begegne, habe ich eine Fülle von sprachlichen, nonverbalen und ›szenischen‹ Informationen zu verarbeiten. Die Psychoanalyse hat für die Technik des Erstinterviews eine Unterscheidung in drei Formen des Verstehens eingeführt, die bei geschulten Interviewern alle drei parallel ablaufen (Argelander 1989, Lorenzer 1973):
- das logische Verstehen: das Verstehen des Gesprochenen und des Sprechers
- das Verstehen durch Nacherleben
- das so genannte ›Szenische Verstehen‹

Es ist nützlich diese Verstehensebenen auch im Erstgespräch eines Coachings zu unterscheiden. Die ersten beiden Formen sind uns vertraut, beim logischen Verstehen stehen wir auf dem Standpunkt eines distanzierten Beobachters, der Informationen aus der Umwelt aufnimmt und für sich bewertet. Das Nacherleben erfordert ein Oszillieren zwischen zwei Standpunkten, zwischen Probeidentifikation: »Wie würde ich mich an seiner Stelle fühlen?« und Introspektion: »Welche Resonanzen werden in mir ausgelöst durch das Erzählte?« Nacherleben kann man nur, wenn man eine erlebende Perspektive einnimmt, während das logische Verstehen eine betrachtende Perspektive erfordert.

Das szenische Verstehen geht von der Annahme aus, dass Menschen nicht alles bewusst zugänglich ist, was sie beschäftigt und sie es schon gar nicht sprachlich begrifflich ausdrücken können, wenn sie unter einem starken Problemdruck stehen. Sie reden nicht nur über ihr Problem, sie inszenieren es in der Beratungssituation mit dem Berater. Dieses Phänomen nutzen viele der neuen Verfahren, z.B. die Aufstellungen, die nicht ausschließlich auf die Sprache als Medium der Informationsübermittlung setzen.

In der Regel kann man alle Veränderungen an den Rahmenbedingungen der Beratung und an meinen professionellen Standards als Inszenierung zu verstehen versuchen. In diesem Fall deuten die lange Vorphase, das verspätete Kommen, der Versuch, den Ablauf zu definieren, die gegenseitige Wahl von Coach und Coachee zu unterbinden und das Ziel des Coachings selbst zu bestimmen auf eine Inszenierung hin (s.o. Kommentare dazu). Im szenischen Verstehen geht man davon aus, dass sich in der Beratungssituation ein für den Klienten wichtiges und irgendwie problematisch gewordenes Muster der Beziehungsgestaltung reinszeniert und die rationale Arbeitsbeziehung zwischen Berater und Ratsuchendem überlagert. Dies setzt aber voraus, dass der Berater den Raum dafür lässt, denn man kann diese Szenen übergehen oder durch Struktursetzung zerstören.

Als Coach habe ich immer zwei Alternativen: Sich die Inszenierung entwickeln zu lassen oder Struktur zu setzen, d.h. das Setting wieder herzustellen und die professionellen Standards durchzusetzen (s.o. Theoriekarte ›Spiegelungsphänomene‹ Fall 2). Welche Intervention ich wähle, hängt vom Ziel und vom Setting der Beratung ab und natürlich von der zur Intuition geronnenen Erfahrung. Wenn ich Raum für Inszenierungen lasse, dann kann ich mich als Berater dazu weder als Beobachter verhalten noch kann ich unmittelbar nacherleben, was im Ratsuchenden vor sich geht. Ich bin »Teilhaber der Situation« (Lorenzer 1973), werde in ein »Spiel des Klienten« eingebaut, mir wird eine Rolle zugewiesen, d.h. ich erlebe zumindest vorübergehend einen Kontrollverlust. Verstehen kann man diese szenischen Informationen nicht sofort. Woran kann man bemerken, dass sich eine Szene aufbaut? Es stellen sich Irritationen ein, es entwickeln sich Affekte dem Klienten gegenüber, die völlig situationsunangemessen erscheinen und man fühlt sich als Berater nicht wahrgenommen, sondern manipuliert, »eingesponnnen«, wie es im Fall hieß.

Wie nutzt man diese Szene? Erst einmal kann man nichts anderes tun als sie auszuhalten und die Spannung des Nichtverstehens zu halten. Wenn man mehr Informationen über die relevanten beruflichen und persönlichen Beziehungen bekommt, stellt sich in den nächsten Sitzungen meist ein »Evidenzerlebnis« (Lorenzer 1973) ein, man erkennt das Muster, das hinter diesen Phänomenen liegt. Als Berater muss ich mich erst in die Inszenierung hineinziehen lassen, um aus meiner Selbstbeobachtung und dem Suchen nach Strukturgleichheiten zwischen dem erzählten und dem im Setting erlebten Geschehen Muster zu finden und schließlich den dem Ratsuchenden unbewussten Teil dieser Szenen zu erkennen. In den Kommentaren waren dazu Hypothesen über die Gleichheit der Muster im Coaching, in der Ehe und in seinen kollegialen Beziehungen. Im Coaching arbeite ich nicht mit selbstreferenziellen Deutungen dieser Muster wie in der Therapie (Selbstthematisierung der Beziehung Analytiker-Patient) und der Rückführung auf frühere relevante und problematische Beziehungen, die nur durch diese Art der Gestaltung bewältigbar waren. Im Coaching nutze ich diese Informationen, um im Hier-und-Jetzt die beruflichen Beziehungen – und ggf. auch krisenhafte private Beziehungen – für den Coachee verstehbar zu machen. Die Erweiterung der Selbst- und Fremdwahrnehmung ist das Ziel: Was geht in ihm selbst vor, das er nicht erleben kann; was löst er bei anderen an Resonanzen aus und in welche Dilemmata bringt er sich und andere durch sein Verhalten?

Sich verwickeln lassen, phasenweise die Distanz und ein Stück Kontrolle zu verlieren, setzt Vertrauen in den Klienten (»Er wird schon etwas für ihn Wesentliches mitteilen wollen, es geht nicht um mich«) und in mich voraus (»Ich werde es schon noch verstehen, ich werde das Setting halten können und meine Professionalität nicht verlieren«).

Die Maxime: »Am Anfang ist alles da, aber noch nicht alles klar!« hilft beim Erlernen und Nutzen des szenischen Verstehens.

10.4 Wie es weiterging

Die Entscheidung gegen die höhere Position im Ausland mit mehr Managementaufgaben ist gefallen, nachdem wir im Coaching daran gearbeitet haben, was er will und was er gut kann: Was er fachlich nicht mehr übersieht, will er nicht managen müssen. Seine wichtigste Frage ist: Ich bin eigentlich zufrieden, will ich etwas ändern? Die Frage stellt sich für ihn auf der beruflichen und der privaten Ebene. Wir arbeiten daran und an der Differenz zwischen seiner Selbst- und der Fremdwahrnehmung: Er erzeugt Wohlwollen und er erzeugt Ablehnung durch sein Verhalten bei anderen (wie in der Anfangsszene im Coaching und in den darauf reagierenden Kommentaren). Er erfährt, wie sein Verhalten auf andere so ganz anders wirkt, als er annimmt. Wir bearbeiten drei für ihn schwierige Führungssituationen, die er nach der Reflexion mit Erfolg anders gestalten kann, indem er sein Verhaltensrepertoire erweiterte.

Ich hatte mich nach der Fallbearbeitung in unserer Gruppe entschieden, Raum für die Inszenierungen seiner Themen im Coaching zu lassen (Was ist mein Ziel? Was ist der Sinn meines Lebens? Wie wirke ich auf andere? Will ich etwas ändern?) und auf meine sonst üblichen Struktursetzungen wie Zielvereinbarungen und Planung der Sitzungen zu verzichten. Das Arbeitsbündnis erwies sich als tragfähig genug, um ein prozessorientiertes Vorgehen und die Arbeit mit Selbstthematisierungen (Wie gestalten Sie unserer Arbeitsbeziehung? Sind wir in Kontakt?) zu ermöglichen. Sein Zeitmanagement und seine Art der Prioritätensetzung ist zweimal Thema, und in der vierten Sitzung ging es dann um die persönliche Ebene, darum, wie er seine gescheiterte Ehe verarbeitet hat und welche privaten Zukunftspläne er hat: Was ist er bereit zu ändern, um einer neuen und anderen Beziehung Raum zu verschaffen? Die fünfte und letzte Sitzung steht noch aus.

11. RUHELOS

11.1 Der Fall (Sebastian Krapoth)

Herr R. ist Mitte 40, verheiratet und Leiter einer großen Abteilung in der Logistik. Er wendet sich auf Empfehlung eines befreundeten Kollegen an mich. Dieser habe ihm gesagt, er solle sich dringend einmal etwas Unterstützung suchen, er habe das Gefühl, Herr R. leide unter einem Burnout-Syndrom. Dies erzählt Herr R. in einem kurzen Telefonat, das wir zwecks Terminvereinbarung führen.

Herr R. erscheint zum ersten Gespräch 15 Minuten verspätet, ist blass, wirkt sehr gehetzt, unter Druck und wenig aufnahmefähig. Dabei ist er außerordentlich mitteilungsbedürftig und breitet eine Fülle von Informationen aus. Es ist nicht leicht, während des Gesprächs ein wenig das Tempo von Herrn R. zu drosseln. Nach knapp 60 Minuten muss Herr R. – wiederum verspätet – zu seinem nächsten Termin, er bittet um ein nächstes Gespräch in zehn bis vierzehn Tagen.

Während der knappen Stunde ist von einem vermeintlichen Burnout-Syndrom gar nicht mehr die Rede, Herr R. sieht sich vielmehr zwar als Workaholic, aber er arbeite sehr gerne und problematisch sei eigentlich nur, Familie und Job unter einen Hut zu bringen. Seine Frau sei allerdings auch beruflich stark engagiert, was es manchmal sogar leichter mache. Er lässt durchblicken, dass die Ehe momentan etwas kriselt und seine Frau ihn aufgefordert habe, mal »zum Psychologen zu gehen«.

Eigentlich sei er momentan aber vor allem beruflich in einer gewissen Unsicherheit, er bekomme im nächsten Monat einen neuen Chef (der jetzige sei ein Förderer von ihm) und wisse nicht, wie sehr er sich noch in seinem Unternehmen entwickeln kann und möchte. Seine aktuelle Tätigkeit übe er lange genug aus, die Übernahme einer neuen Funktion, möglichst verbunden mit einem Karriereschritt, stehe aus seiner Sicht eigentlich an. Da er aber in seinem Bereich als hervorragender Fachmann gelte, wolle man ihn nicht einfach gehen lassen. Es gebe über persönliche Kontakte auch interessante Möglichkeiten außerhalb seines Unternehmens, die ihn sehr reizen würden (unter anderem möglicherweise eine Professur), er sei in einem Alter, in dem so ein Wechsel sehr attraktiv ist. Seine Frau erwarte allerdings von ihm, dass er noch weitere Karriereschritte in seinem Unternehmen macht und wolle zudem nicht den Wohnort verlassen. Herr R. berichtet zwar sehr hastig und steht während des gesamten Gesprächs sehr unter Spannung, ist aber dabei klar und präzise in seinen Ausführungen. Er erwartet vom Coaching eine Unterstützung bei der Entscheidung hinsichtlich seiner weiteren beruflichen Orientierung.

11.2 Kommentare

Reinhard Billmeier

Der Fall bietet mir wenig Konkretes zum Einsteigen. Da ist im Privaten die angedeutete Krise in der Ehe, der Satz, dass die Frau von ihm erwarte, dass er noch weitere Karriereschritte in seinem Unternehmen macht (ein Satz an dem ich immer wieder hängen bleibe) und dass er »mal zum Psychologen gehen« solle.

Auch ein befreundeter Kollege meint, dass er Hilfe braucht – »Burnout« ist dessen Diagnose. Der fallgebende Kollege scheint es aber anders zu sehen – trotz Titelwahl ›Ruhelos‹ erscheint ihm der Kandidat zwar gehetzt und spannungsgeladen, aber auch »klar und präzise« – und er scheint auch mehr dessen Auffassung zu folgen, dass er gerne arbeite, eben ein »Workaholic« sei.

Es ergibt sich für mich das Bild einer wenig selbstsicheren und in sich ruhenden Person, kein Mann in der Mitte des Lebens, der jetzt mit 45 Jahren wieder intensiver über Lebensweg und den möglichen Schritt in eine Universitätskarriere nachdenkt. Er scheint eher fremdgetrieben, insbesondere von der Frau (bleib am Ort, geh zum Psychologen, ...), vielleicht auch gerne verführt von vagen »interessanten Möglichkeiten«, deren Tragfähigkeit ich sehr genau mit ihm zusammen prüfen würde.

Es wird fast gar nichts zu seinem direkten Arbeitsumfeld gesagt: Wie wird er von Mitarbeitern, Kollegen und seinem Chef gesehen? Dieser ist immerhin sein Förderer – was bedeutet das an diesem Punkt? Wer wird sein neuer Chef, wer will ihn an seinem Platz halten, und: Ist das wirklich ein Erfolgsausweis?

Es erschiene mir sehr wichtig, die Spannung und Ruhelosigkeit zu thematisieren, denn ich vermute dahinter ein Bündel unbewusster Konfliktkonstellationen, die sich zunächst eher im Persönlichen zeigen, aber sicher im Beruflichen auch zu finden sind. Wenn ich Lust auf Arbeit habe und doch jemand aus der Umwelt meint, ich sei ausgebrannt, wie sieht es

dann mit meiner Lust auf Privates, auf Familie aus? Ist die Lust auf das
eine vielleicht eine Flucht vor etwas anderem, wäre da nicht doch die Frage nach einer ungesunden Suchtthematik erlaubt?
   Der Klient bietet im Kern nur das Thema ›berufliche Entscheidung‹ an.
Wenn man konsequent an dieser Vorgabe arbeitet (Entscheidung zwischen
welchen Alternativen? Was ist sicher, was ist unklar?), wird sich das Thema möglicherweise schnell in Richtung einer persönlichen Unsicherheits-
thematik entwickeln und damit wäre dem Mann vermutlich wirklich zu
helfen. Ob er das dann im Coaching oder in einem therapeutischen Setting
bearbeiten soll, kann man hier noch nicht sagen.

Matthias Lauterbach

Wovor läuft der Kerl denn weg? Oder: Wer und was treibt ihn an? Da
bleibt mir beim Lesen fast die Luft weg. Vielleicht ist das (Weg-)Laufen
oder das, was ihn sonst antreibt, eine wesentliche Ressource, die ihn in
seiner Karriere und seiner Expertise so weit hat kommen lassen.
   Ich lese viele Widersprüche, die bei mir z.T. Alarmglocken schrillen
lassen: Er sieht blass aus, ist unter Anspannung, geht wenig ›in die Beziehung‹ mit dem Coach. Er scheint aber sonst in den Arbeitsbeziehungen in
einer guten Vernetzung zu sein, so dass er Angebote für weitere berufliche
Entwicklungen erhält.
   Die Balance zwischen Beruf und Partnerschaft ist nicht gelungen, die
Beziehung kriselt. Die Partnerin drängt aber auf seine weitere Karriere im
Unternehmen: Will sie ihn loswerden, da er beim nächsten Karriereschritt
den Arbeitseinsatz und die Abwesenheit ja höchstwahrscheinlich noch
ausweiten wird (das riskierte sogar eine ›biologische Lösung‹)? Sie sieht
für ihn eine weitere Karriere, hält ihn aber für psychologisch behandlungs-
bedürftig. Ist das die Unklarheit der Partnerin oder sind das widersprüch-
liche Wahrnehmungen von Herrn R. über das Bild, das seine Partnerin von
ihm hat?
   Sein Anliegen kommt für mich überraschend. Es heißt nicht: Wie komme ich aus meinem Stress erzeugenden Arbeitsmuster und finde meine
Balance wieder, sondern: Unterstütze mich bei der weiteren Karriereplanung.
   Kollegen aus Medizinerkreisen würden ihn einen Adrenalin-Junkie nennen: Er ist »auf Droge« (Adrenalin). Dieses Stresshormon hat einerseits
die Funktion, Energien für den Überlebenskampf zu mobilisieren, was
psychisch auch als Wachheit und Klarheit erlebt wird. Adrenalin macht

jedoch gleichzeitig unempfindlich gegenüber körperlichen Warnsignalen (unsere menschlichen Vorfahren sollten beim Kampf nicht von ihren Blessuren beeinträchtigt werden). Kurz: Adrenalin-Junkies fühlen sich subjektiv richtig gut, obwohl sie körperlich und seelisch in einem erbärmlichen Zustand sind.

Die Schwierigkeit im Coaching ist dabei, dass vom Coach ein dringender Bedarf wahrgenommen wird, den der Kunde nicht formuliert. Es gibt ein Thema hinter dem Thema, etwas, um das es auch, oder sogar eigentlich geht. Hier scheinen sich das formulierte Anliegen des Kunden einerseits und die wahrgenommenen Anliegen andererseits offenbar auch zu widersprechen. Herr R. riskiert – mit welchem Karriereschritt auch immer – sein Grundmuster (Hektik, Aktivität, Ruhelosigkeit, …) mitzunehmen. Selbst die Entscheidung für den geruhsameren Weg einer Professur (man gestatte mir die Pflege meiner Vorurteile) wird er ruhelos gestalten. Um es mit einer Metapher zu verdeutlichen: Das Anliegen wird auf der Ebene der Software formuliert. Es sind jedoch eher Themen des Betriebssystems, also der grundlegenden Einstellungen zum Arbeits- und Karriereprozess, die hier angesprochen werden müssen. Dies wäre ihm für eine entsprechende Kontraktierung nahe zu bringen.

Die Plausibilitätsbrücke für den Kunden könnte sein, dass er sich in einer typischen Umbruchsituation befindet, auch in Anbetracht seines Alters. Entscheidungen in solchen Situationen bedürfen einer genauen Vorbereitung durch eine biografische Sicht auf das ›So-geworden-Sein‹ und durch eine tragfähige Vision. Beides konstruiert dann das Referenzsystem, das den anstehenden Entscheidungen eine angemessene Orientierung gibt. In diesem Rahmen lassen sich auch Themen wie die Wiederherstellung von Lebensbalancen, der Stimmigkeit seines Lebens- und Arbeitsprozesses und letztlich seiner Gesundheit ansprechen. Dies wäre für den Kunden die Chance eine Neuorientierung zu erreichen, ohne dass es – wie so oft – zu dramatischen körperlichen Signalen kommen muss, um endlich innezuhalten.

Tragischerweise ist die Verführung sehr groß, bei seinem Muster der ständigen Aktivität und Ruhelosigkeit zu bleiben, weil die sozialen Gratifikationen, Anerkennungen dafür sehr groß sind. Menschen wie er werden schnell verheizt und verwechseln die entstehende Hitze mit Nestwärme.

Mein Angebot an den Kunden wäre, über diese Umbruchsituation ins Gespräch zu kommen und auf der Basis dieser Ergebnisse dann zu dem Thema der Entscheidungen zu kommen. Ich würde aus meiner Besorgnis auch keinen Hehl machen.

Michael Kramer

Wie kann aus einem Bewegt-Werden eine eigene Bewegung entstehen? Der generelle Eindruck der Fremdbestimmtheit entsteht dadurch, dass sich der Kunde im Grunde nur mit Aufforderungen und Wünschen anderer sowie bestehenden Möglichkeiten im Feld beschäftigt. Dies geht sogar so weit, dass er durch unterschiedliche Informationen oder das, was er dafür hält, in einen Lähmungszustand verfällt. So weiß er nicht, ob er noch gewollt ist und gleichzeitig glaubt er, dass man ihn nicht gehen lassen will. Bei seiner Suche nach Orientierung im Außen wird Herr R. mit seinen Fragen keinen Erfolg haben.

Wo bleiben seine eigenen Impulse, Gefühle, Ziele und Wünsche? Herr R. setzt sich mit seinem alten und neuen Chef auseinander, mit den Aufforderungen und Zuschreibungen der Kollegen und der Ehefrau, was man im Unternehmen oder auch in einem bestimmten Alter so macht. Er als Person wird, außer dass er das eben so macht und gehetzt wirkt, nicht sichtbar.

Dies sieht der Kunde intuitiv offensichtlich auch, denn, was er vom Coaching will, ist Orientierung. Es wird im Wesentlichen darum gehen, durch entsprechende Interventionen (auch Provokationen) Herrn R. auf eine Entdeckungsreise zu sich selbst zu schicken, damit er seine Impulse erkennt, sie ernst nimmt und in Beziehung zu anderen und äußeren Faktoren setzt.

Das Burnout-Syndrom ist ja nicht dadurch gekennzeichnet, dass jemand zuviel arbeitet, sondern dadurch, dass er/sie permanent Grenzverletzungen zulässt oder herstellt. Vor diesem Hintergrund macht die intuitive Diagnose des Kollegen sehr viel Sinn. Sein Arbeitspensum an sich ist nicht das Problem des Herrn R., sondern dass er unter Umständen Dinge tut, die nicht (mehr) passen und seine persönlichen Energien verzehren, statt sie zu laden. Hier würde ich mich dem Thema zunächst auf hypothetischer Ebene nähern (»Wenn etwas dran wäre, wie würden Sie es dann beschreiben ...?«, »Was glauben Sie, könnte Ihr Kollege gemeint haben mit ...?«), um die eventuell vorhandenen Widerstände, sich mit diesem Thema zu beschäftigen, zu minimieren.

Herr R. besteht nicht aus zwei voneinander völlig unabhängigen Teilen, seiner beruflichen und seiner privaten Identität. So werden sich die jeweiligen Themen auf unterschiedliche Art, doch eben nur in Variationen im jeweiligen Bereich abbilden. Der Bereich der Beziehung zu seiner Frau bietet einen reichhaltigen Fundus für Entdeckungen über persönliche Haltungen und Verhaltensmechanismen. Diese herauszuarbeiten, auf die berufliche Ebene zu transferieren und als Ausgangsbasis für ein persönliches Entwicklungsprogramm zu nehmen ist eine Chance. Wo ist seine ganz persönliche Energie in Bezug auf Ärger oder Wut über eine Partnerin, die ihn als Problemlösevorschlag zum Psychologen schicken will oder von ihm bestimmte Karriereschritte erwartet?

Ein spannendes Phänomen in diesem Zusammenhang ist, ob wir vielleicht als Coaches bestimmte Gefühle stellvertretend spüren (s.o. Theoriekarte ›Arbeit mit Gefühlen und Intuition‹ Fall 6). Der Kunde wird zunächst nicht aktiv oder entwickelt Gefühle, sondern stellvertretend wir, als Profis.

Will Herr R. es allen recht machen? Wenn dies eine Grundhaltung (bestimmt nicht bewusst) seines Handelns ist, dann taucht diese Thematik mit Sicherheit auch im Coachingprozess selbst auf. Er will es dem Coach recht machen und greift – brav – dessen Themenvorschläge und Impulse auf. Hier zeigt sich dann wie im Spiegel die Thematik seiner Person und Arbeitssituation.

Die Arbeitsweise zum Gegenstand des Coachings zu machen, setzt eine gewisse Stabilität und Vertrautheit der Arbeitsbeziehung voraus. So bietet es sich zunächst an, mit Herrn R. eine ausführliche Situationsanalyse inklusive einer Präzisierung aller möglichen Optionen vorzunehmen. Als nächsten Schritt entwerfen wir gemeinsam ein Stärken-Schwächen-Profil unter Nutzung vorhandener Ressourcen, wie 360°-Feedback sowie standardisiertem (Vorgesetztenfeedback) oder nichtstandardisiertem (Mitarbeiter- oder Kundenaussagen) Rückmeldungen des Umfeldes.

Im zweiten Schritt muss es dann um Zielbildung und persönliche Visionen gehen. Als Grundlage von Maßnahmenplanungen wird es notwendig sein (unter Umständen unter Zuhilfenahme der beschriebenen Arbeit mit Spiegelungen), seine Fähigkeit zu erweitern, handlungsleitende Figuren zu bilden. Ohne diese Grundlage haben Maßnahmenagenden nur eine sehr geringe Halbwertszeit (s.u. Theoriekarte ›Kontaktzyklus‹).

Die Figuren, die in dieser Anfangssituation zu erkennen sind, sind fast durchgehend fremdes Material. Die Fragen, die sich daraus für den Coachingprozess ergeben, sind unter anderen:

Kann und will Herr R. aus diesem fremden Material eigenes machen? Wenn ja, wie kann dies passieren, so dass die sich ergebenden Ziele (und Visionen) eine tragfähige Basis für Maßnahmen und Zukunftsentwicklung sind (s.u. Theoriekarte ›Kontaktzyklus‹). Das soll bedeuten: Um überhaupt genügend Energie für einen erfolgreichen Coaching- bzw. persönlichen Veränderungsprozess, um handlungsleitende Ziele und Erfolg versprechende, nachhaltige Maßnahmen entwickeln und durchhalten zu können, ist eine wesentliche Voraussetzung, dass der Kunde eigene Figuren herausbildet. Dies könnte in diesem Fall bedeuten, dass er Ärger oder Wut, dass er Abgrenzungsideen oder eben eigene Visionen und Ziele entwickelt.

Kann Herr R. die Stärken, die er ja als erfolgreicher Logistikfachmann haben muss, für die Entwicklung der eigenen Person transformieren und nutzen? Vielleic ist es aber auch so, dass die deutlich werdenden persönlichen Entwicklungsfelder (Zielbildung, Vision und Strategie) ebenfalls Themen sind, mit denen er sein angestammtes Arbeitsfeld optimieren könnte (s.u. Theoriekarte ›Das Kleine im Großen‹).

Kornelia Rappe-Giesecke

Der Kunde bietet in der ersten Sitzung mehrere Themen: Eine Ehekrise wird angedeutet, ihn beunruhigt die Veränderung an seinem Arbeitsplatz, die durch einen neuen Chef entstehen wird, er ist ruhelos und gehetzt und seine berufliche Zukunft treibt ihn um. Für mich kristallisieren sich zwei Grundthemen heraus: Diskrepanzen zwischen Selbst- und Fremdeinschätzung und die im Leben zugleich einfachste und schwierigste Frage: Was will ich in meinem beruflichen und privaten Leben?

Die Einschätzungen, die andere von ihm haben und die er selbst von sich hat, unterscheiden sich entweder, oder seine Selbsteinschätzung bleibt verborgen: Sein Kollege attestiert ihm ein Burnout-Syndrom, und er sagt von sich, er sein ein Workaholic, der sehr gerne arbeite, dadurch aber Probleme in seiner Ehe bekomme. Seine Frau sagt, er solle zum Psychologen gehen, was darauf hindeutet, dass sie die ehelichen Probleme in seiner Persönlichkeit begründet sieht. Er sieht den Auslöser in den Spannungen, die aus den beruflichen Karrieren von beiden entstehen.

Er schildert sich als eher von anderen bestimmt und reaktiv (»Seine Frau sagt, sein Kollege sagt ...«), dem widerspricht aber seine Gestaltung der Coachingsituation. Er definiert Anfang und Ende, kommt später und geht später und übernimmt die Gesprächsführung.

Die Phantasien über seinen neuen Chef gehen auch in die Richtung, dass er befürchtet, von ihm dominiert zu werden. Eine Hypothese wäre, dass er eigentlich mit einem Aufstieg gerechnet hat und übergangen worden ist. Seine Einschätzung von sich ist offenbar, dass er diesem Posten gewachsen wäre, ein Karriereschritt stehe aus seiner Sicht eigentlich an, während das Unternehmen in ihm vielleicht aber eher den hervorragenden Fachmann und nicht die Führungskraft für diese Ebene sieht.

Aus allen diesen Diskrepanzen spricht eine Unsicherheit darüber, wie er sich selbst sieht und wie die anderen ihn sehen und wie die Unterschiede zu verstehen sind. Meine Annahme wäre, dass er seine Wirkung nicht gut kennt, weil er nicht zuhört, sondern entweder versucht die Situation zu definieren oder mit seinen Gedanken schon wieder ganz woanders ist (»gehetzt«, »wenig aufnahmefähig«). Eigentlich müsste ihn diese Situation stark beunruhigen.

Ich würde ein Ziel des Coachings darin sehen, dass er sich darüber klarer wird, wie er sich selbst sieht und einschätzt und wie andere das tun. Ein gutes Training wäre es für ihn zu lernen sich selbst und anderen zuzuhören. Empathische und konfrontierende Interventionen des Coaches wären sicher beide nötig.

Ein weiteres Ziel im Coaching könnte sein, dass er sich darüber klar wird, was er selbst eigentlich will. Er schildert seine Situation als eine, die stark durch andere beeinflusst wird, was sicher nur zum Teil stimmt, seine Steuerung der anderen und seine Selbststeuerung scheint er kaum zu erleben oder kann sich dazu nicht bekennen. Er ist Mitte 40, es stehen offenbar auf allen Ebenen Prioritätensetzungen und Entscheidungen an. Er hat vieles erreicht, er wird in seiner Firma geschätzt, seine Frau möchte ihre Ehe nicht aufs Spiel setzen. Wie soll die nächste Lebensphase aussehen? Aufstieg oder Ausstieg aus der Firma? Wie will er seine Ehe gestalten?

Christine Kaul

Eigentlich ist Herr R. ein ganz folgsamer Mensch: Seine Frau fordert ihn auf, »zum Psychologen« zu gehen, da es in der Ehe kriselt, der Kollege rät ihm, zum Coach zu gehen, da (so die Diagnose des Kollegen) er an einem Burnout leide. Bereitwillig erzählt er dann dem Psychologen und Coach von seiner Sicht der Dinge und erwartet Unterstützung bei der weiteren beruflichen Karriere.

Müssen wir befürchten, er erwartet dies in der Form: »Tu dies, tu jenes«? Wir müssen es zumindest in Rechnung stellen, dass er – so klar und präzise er die Situation darstellt – so klar und präzise Hilfestellung erwartet. Sein Umfeld scheint nicht allzu zögerlich Anweisungen und Ratschläge geben. Nur sein jetzt scheidender, alter Chef und Förderer pflegt eine erstaunliche Zurückhaltung.

Herr R. übt seine jetzige Tätigkeit »lange genug« aus, er ist »alt genug« für einen Wechsel (Mitte 40), und er ist »gut genug« (hervorragender Fachmann). Wird er ein guter General Manager sein? Das würde nämlich ein weiterer Schritt auf der Karriereleiter mit sich bringen. Wesentlich weiter entfernt von den Fachaufgaben, wird er selbst Führungskräfte führen müssen.

Seine Hast und Eile, sein mangelhaftes Zeitmanagement sprechen dafür, dass zunächst mit ihm zu überlegen wäre, wie gut er seine derzeitige Aufgabe eigentlich erfüllt. Schon als Abteilungsleiter reicht Fachmannschaft nicht aus. Planvolles Handeln, strategischer Überblick, ökonomisches Wirtschaften mit sachlichen und menschlichen Ressourcen (die eigene Person inbegriffen): Genügt er hier den Anforderungen an seinen Job? Von einer verantwortungsvolleren Aufgabe erst einmal gar nicht zu sprechen.

Wir wollen unterstellen, dass er den Maßstäben genügt. Wir wollen unterstellen, dass er einer typischen *déformation professionelle* von Führungskräften in produzierenden Unternehmen unterliegt, nämlich dem verkürzten Blick auf den Tagesoutput, die Qualität, die fehlenden Teile, den Umlaufbestand, die immer zu knappen Personalzahlen usw.: »Nach der Schicht, ist vor der Schicht«.

Es wäre also nötig, ihm wieder Zugang zu verschaffen zu einem »Blick aus höherer Warte«; welche Handlungsfelder tun sich auf, neben dem Getriebensein durch die alltäglichen Probleme?

Ein weiteres Thema gemeinsamen Nachdenkens sind seine automatisierten Entscheidungsroutinen. Nicht: Wie will er sich entscheiden (Ergebnis), sondern: Wie will er sich entscheiden (Weg)? Vermutlich ist ihm dieser Gedankengang fremd, da in seinem Arbeitsleben in den vergangenen Jahren nicht der Entscheidungsprozess im Mittelpunkt gewesen ist, sondern das Entscheidungsergebnis.

Das Nachdenken über seine Heuristik sollte ihm ermöglichen, sich frei zu machen von den Entscheidungszumutungen seines Umfeldes. Der nächste Termin wird deshalb wohl für beide, Coach und Kunden, eine mühsame Angelegenheit werden. Der Coach muss seinen Kunden zu lange nicht geübtem Denken ermuntern, der Kunde muss mit sich und seinem Coach Geduld haben. Das kann glücken – oder aber nicht. Ein gemeinsames Scheitern erscheint mir wahrscheinlicher als in manch anderer Anfangssituation.

11.3 Theoretischer Hintergrund

Das Kleine im Großen, das Große im Kleinen
oder
eine andere Art der Spiegelung
(Michael Kramer)

Die Berufs- und Lebensrealität des Coachee spiegelt sich in der Beziehung zwischen Coach und Kunde. Hat es ein Kunde z.b. schwer, eigene Ziele und Strategien zu entwickeln, so wird er unter Umständen den Coach dahin bringen, für ihn zu beschreiben, wo es lang gehen soll und mit welchen Mitteln.

Da in der Beziehung Coach/Kunde sehr direkt und lebendig die Eigenarten der Person des Kunden und seine spezifischen Handlungsmuster, sein Sich-Beziehen auf andere deutlich und für den Kunden erfahrbar wird, ist das Aufgreifen der sich zeigenden Phänomene eine wesentliche Unterstützung des Coachingprozesses.

Voraussetzung für das Gelingen dieses Vorhabens ist einerseits ein Vorgehen ohne Vorwürfe in einem Maß, dass der Kunde die Thematik annehmen kann. Weiterhin ist entscheidend, dass der Prozess frei von Brechungen durch eigene Thematiken des Coachs gestaltet wird.

Kontakt-Zyklus
(Michael Kramer)

Die in der Grafik dargestellte gesunde Folge aufeinander aufbauender Prozessschritte kann an jeder der aufgezeigten Schnittstellen unterbrochen sein und zu charakteristischen Problemstellungen für das Coaching und zu bestimmten Entscheidungen bezüglich der angemessenen Interventionen führen.

Es zeigt sich, dass das Überspringen eines Prozessschrittes zu keinem erfolgreichen Abschluss der Veränderung führen kann. Wenn wir in ein Geschäft gehen und nicht wissen, dass wir Hunger haben oder auf was wir Hunger haben oder vielleicht sogar, was gesund für uns wäre, dann kann der Einkauf nicht erfolgreich sein. Dies wäre eine Problematik um den Bereich des Prozessschrittes 2 herum.

Wenn wir uns als Coach in der Anfangssituation ein (immer veränderbares) Bild von unserem Kunden und seiner Situation machen,

Der Kontakt-Zyklus
Kontaktunterbrechungen

1.
Wahrnehmung
(Scanning)

1. Laufende Infos durch Vorgesetzte,
Kundenrückmeldungen,
Mitarbeitergespräche,
Team-/Abteilungssitzungen usw.
Routinen

6.
Reflexion und
Integration

6. Analyse ggf.
Korrektur
Veränderte Haltung
und Denkroutinen

2.
Bewusstheit
Eine Figur entsteht

2. Kritik oder Probleme
Problembewusstsein
Prioritäten setzen
Benchmarks,
Einschätzung der Lage

5.
Kontakt
Veränderung entsteht

5. Maßnahmen leben
Entscheidungen
Veränderte Handlungen

3.
Energie
mobilisieren

3. Zielbildung
Gefühle und
Wünsche entstehen
Maßnahmenplanung

4.
Aktion

4. Entscheidungsvorbereitung
Maßnahmen umsetzten
Investitionen z.B. in Coaching

© Kramer 2005

dann bietet dieses Muster eine gute Orientierung für Diagnose und Planung unserer Interventionen. Es macht ja gar keinen Sinn (wenn es auch häufig von Kunden und Auftraggeber gewünscht wird), mit unserem Coachee Maßnahmen zu planen und deren Umsetzung voranzutreiben, wenn dessen Figurbildung unausgegoren ist (z.B. Probleme und deren Ursachen falsch oder gar nicht identifiziert werden) oder die sich entfaltenden Energien in eine problematische Richtung gehen oder wenig entwickelt sind.

Je nachdem, an welchem Punkt der Fallentwicklung Coaching nachgefragt wird, bekommt der Coachingprozess und die Anforderung an den Coach eine vollkommen andere Qualität.

So z.B. in Phase 2: Die Unterstützung des Klienten, sich selbst einzuschätzen mit seinen Stärken und Schwächen, das Umfeld zu scannen, »Baustellen« zu identifizieren, sind Hauptaufgaben für den Coach in dieser Phase. Dies wird nicht allzu selten auch eine Reisebegleitung in emotional gefärbte Täler sein. Dem Coach kommt dann einerseits eine tragende und absichernde Funktion zu, andererseits wird er den Kunden unterstützen, auch einmal in bisher unbesichtigte Zimmer seines Hauses zu schauen. Ein Kunstfehler seitens des Coachs wäre es, die eigenen Figuren dem Kunden zu implantieren.

In Phase 3: Wenn wir als Coach begeistert von einer Idee oder einem Ziel sind, heißt das noch gar nichts. Viel wichtiger ist, dass wir den Kunden unterstützen ein Energiepotenzial aufzubauen, das ihn auch dann noch trägt, wenn es auf dem Weg zu neuen Gipfeln gilt lästige oder belastende Täler zu durchschreiten. In dieser Phase geht es darum, den Kunden zu unterstützen, Visionen zu entwickeln, um daraus Ziele abzuleiten, d.h. in die Zukunft zu schauen und das eigene Energiepotenzial angemessen einzuschätzen.

In der Phase 4 steht Handlung im Vordergrund. Investitionen müssen getätigt werden, um dann später ernten zu können. In dieser Phase hat der Coach die Aufgabe den Kunden zu unterstützen die für seine Situation, Konstitution und Ziele passende optimale Strategie und Handlungskonzepte zu entwickeln, das heißt seinen Weg zu finden. Eine besondere Herausforderung dabei ist, eine tragfähige Rahmung zur Verfügung zu stellen für Situationen, in denen die Entwicklung aus Sicht des Kunden zu langsam verläuft, Einbrüche passieren oder erste Maßnahmen nicht zu dem gewünschten Erfolg führen.

In Phase 5 und 6 geht es um Konsolidierung und Integration. In direkter Parallele zu Changeprozessen in Organisationen ist es ungünstig, wenn Veränderungen zu schnell aufeinander folgen und für den nächsten Schritt kein ausreichend sicheres Fundament gebaut wurde.

11.4 Wie es weiterging

Die Gespräche verliefen in der Folge zunehmend ruhiger ab als in der ersten Situation. Im Vordergrund stand tatsächlich die Frage nach der beruflichen Orientierung. Zentral, ein nicht einfacher Prozess, und letztlich für den Kunden sehr erhellend war die Klärung, was er wirklich selber will – losgelöst von allen anderen, die Erwartungen an ihn formuliert hatten bzw. deren Erwartungen er meinte gerecht werden zu müssen.

Ich wurde zwar das Gefühl nicht los, dass hinter diesem vordergründigen Thema tiefergehende Themen schlummerten, der Kunde war hier letztlich aber wenig ansprechbar, ihm genügte es zunächst, größere Klarheit über seine nächsten Schritte zu gewinnen.

Die Autoren sind eine Gruppe praxisbewährter Coaches. Ein Kollegenkreis aus unternehmensexternen und unternehmensinternen Umfeldern, die gemeinsam auf circa 105 Jahre Coachingerfahrung zurückblicken können.

Billmeier, Reinhard, Dr. phil.
Geboren 1949 in München; Studium von Sprache und Kommunikation, erste Berufserfahrung in der Forschung (Siemens) und in der Lehre (Uni München) auf dem Gebiet der Sprachdatenverarbeitung. Nach persönlichen Grenzerfahrungen 1979 ›Ausstieg‹ und Hinwendung zu alternativen Lebens- und Arbeitsformen, Zeit des Suchens und persönlicher Neuorientierung. Selbsterfahrung und Ausbildung in verschiedenen Disziplinen der Humanistischen Psychologie; ab 1982 Aufbau einer psychologischen Beratungspraxis, 1984 Beginn mit der Leitung berufsbegleitender Ausbildungen und Supervision für Psychologen/Pädagogen. Seit 1985 Erfahrung mit Arbeitsweisen der Organisationsentwicklung, 1988 bis 1992 auch in Festanstellung als interner OE-Berater bei der Continental AG Hannover.

1993 Gründung der jetzigen Firma für Entwicklungsberatung; seit 1992 leite ich Ausbildungen zu Organisationsentwicklung/Change Management, in denen die Entwicklung der Persönlichkeit des Beraters im Vordergrund steht.

Meine eigene Geschichte mit ihren Krisen und deren Wendung ins Positive bildet die größte Quelle in der Beratung von Menschen und Teams, die sich die Mühe einer jeweils eigenständigen innengeleiteten Orientierung machen wollen.

Ich sehe es als die größte Herausforderung meines Berufes, die Extreme/Polaritäten in und zwischen Menschen aus dem Kampf gegeneinander in ein Fließgleichgewicht miteinander zu bringen; in den Worten einer anderen Kultur: die Balancierung von Yin und Yang.

Kaul, Christine, Dr. phil.

Leiterin des Geschäftsfeldes Coaching in der Volkswagen Coaching GmbH. Dieses Geschäftsfeld hat die Aufgabe, Topführungskräften im Konzern, aber auch außerhalb Coaching als Unterstützung zur Optimierung der individuellen Leistungsfähigkeit anzubieten. Hierfür wurde seit 1996 ein Pool mit 310 externen und sechs internen Coaches aufgebaut.

Studium der Psychologie in Mannheim und Gießen mit dem Schwerpunkt Sozialpsychologie und Methodenlehre. 1984 bis 1990 bei der Deutschen Gesellschaft für Personalwesen e.V. in der Eignungsdiagnostik und als Trainerin tätig. Seit 1990 im Volkswagenkonzern mit unterschiedlichen Arbeitsfeldern der Personalentwicklung, seit 1996 Führungskraft und Abteilungsleiterin.

Bei der eigenen Arbeit als Coach liegt meine Kompetenz bei den Themen: (Berufs-) Biographisches Coaching, Identität, Individualität, Rollenanalyse und Selbstbild in beruflichen Kontexten, individuelle Veränderungsprozesse, Diagnostik persönlicher Stärken und deren Optimierung.

Als Vermittlerin von Coaches für meine Kunden liegt mein besonderes Interesse bei der Fragestellung der Professionalisierung von Coaches und Coaching.

Kramer, Michael, Dipl.-Psych.

Geboren 1956 in Darmstadt; verheiratet, zwei Kinder; Studium und Diplom der Psychologie und Zusatzausbildungen in Gestaltpsychotherapie, GT, Systemischer Organisationsentwicklung, Familienmediation und Wirtschaftsmediation. TÜV zertifizierter QMB, BDP zertifizierter Supervisor.

Seit 1983 selbstständig mit einer Praxis für Psychotherapie und Beratung. Von Beginn an orientierte ich mich in meiner Beratungstätigkeit im Wirtschaftsumfeld und bin dort als Organisationsberater und Coach tätig seit 1989. Dabei arbeite ich in den unterschiedlichsten Kulturen, wie der internationaler Konzerne (VW oder Lufthansa), der des Dienstleistungsbereichs (Lotto oder Scandia) oder des Gesundheitswesens und der Kirche.

Seit Beginn der 90er-Jahre bin ich als Ausbilder für Organisationsberater und Coaches tätig. Als Ausbilder für Mediatoren in/für Organisationen habe ich Wirtschaftsmediatoren und die internen Mediatoren des Auswärtigen Amtes ausgebildet sowie den Mediationsbereich der VW Coaching maßgeblich konzipiert und aufgebaut.

Motto (das man nie vollständig erreicht und immer wieder neu herstellen muss):

Das Gleichgewicht ist die Basis für Glück und Erfolg.

Krapoth, Sebastian

Geboren 1970 in Göttingen; Studium der Psychologie mit dem Schwerpunkt Arbeits-, Betriebs- und Organisationspsychologie; Zusatzausbildungen in Systemischer Beratung und Systemischen Coachingverfahren.

Von 1999 bis Anfang 2004 bei der Volkswagen Coaching GmbH im Geschäftsfeld Coaching als interner Coach und Berater tätig. Beratung und Coaching des internationalen Topmanagements von Volkswagen hinsichtlich persönlicher Weiterentwicklung und Optimierung der eigenen Leistungsfähigkeit, u.a. auch verantwortlich für das Angebot ›Interessenausgleich durch Mediation‹.

Besonders interessieren mich bei der Tätigkeit als Coach Fragen zu persönlicher Standortbestimmung, beruflicher Rolle und Identität, Karriereentwicklung und Work-Life-Balance.

Seit Februar 2004 Assistent des Personalvorstands von Volkswagen Nutzfahrzeuge.

Lauterbach, Matthias, Dr. med.

Geboren 1949 in Berlin; Studium der Medizin, Facharzt für psychotherapeutische Medizin; Trainer für systemische Methoden und Gruppendynamik.

Neben einer langjährigen Tätigkeit als leitender Arzt und kommissarischer Direktor in stationären Settings habe ich am Aufbau eines sozialen Betriebes mitgewirkt (Vorsitzender des Trägervereins) und ein Ausbildungsinstitut für systemische Beratung aufgebaut (1988), das ich leite. Seit 1990 bin ich selbstständig tätig, zunächst mit dem Schwerpunkt Psychotherapie, Supervision und Ausbildung. Seit Mitte der 90er-Jahre arbeite ich als Unternehmensberater, Trainer und Coach. Dazu habe ich die Firma Dehrmann-Lauterbach-Wolf und deren Tochterfirmen mitbegründet.

Die Arbeitsschwerpunkte sind heute das Coaching von Führungskräften, die Begleitung von Entwicklungsprozessen in Teams und größeren Systemen (Leitbildprozesse, Personalentwicklungskonzepte u.Ä.), die Moderation von Konfliktlösungen, die Weiterbildung in systemischen Denk- und Handlungsmodellen (Beratung, Organisationsentwicklung, Aufstellungsmethodik). Ein herausgehobener Schwerpunkt ist das Gesundheitscoaching und die Weiterentwicklung von Methoden im Coaching und in der Teamentwicklung (systemische Fotoinszenierungen, soziometrischer Zyklus etc.).

Rappe-Giesecke, Kornelia, Prof. Dr. phil.
Geboren 1954 in Katlenburg bei Göttingen; Studium der Pädagogik, Psychologie/Psychoanalyse, Soziologie, Sprach- und Literaturwissenschaft an der Gesamthochschule Kassel in den Jahren 1973-78. Wissenschaftliche Mitarbeiterin in einem DFG-Projekt zur Erforschung von Supervision an der GhK (1978-80). Weiterbildung in Supervision an der GhK 1981-85. Promotion über Gruppen- und Teamsupervision 1989 an der GhK. Von 1984 bis 1994 freiberuflich als Supervisorin und Organisationsberaterin im Not-for-profit- und im Profit-Bereich tätig. Lehraufträge, Dozententätigkeit und Arbeit als Kontrollsupervisorin an Hochschulen und privaten Instituten in Deutschland, Österreich und der Schweiz. 1993 Berufung an die Evangelische Fachhochschule Hannover als Professorin für Supervision mit der Aufgabe des Aufbaus und der Leitung des postgradualen Diplomstudiengangs ›Supervision und Organisationsberatung‹. 1997 Aufbau des postgradualen Studiengangs ›Management und Organisationsentwicklung‹. Seit dem Wintersemester 2003/04 Dekanin für die postgradualen Studiengänge.

1993-2002 Herausgeberin, Redakteurin und Redaktionsleitung der Zeitschrift *Supervision*. Im Beirat der Buchreihe *EHP-Organisation* des EHP-Verlags. Forschungssemester in Boston im Frühjahr 1998 an der Sloan School of Management des MIT, der Society for Organizational Learning und dem Boston College. Seit 1998 als Coach für das Topmanagement von VW in der VW Coaching tätig, ausgezeichnet als Coach mit Spitzenqualität. 2000-2005 Konzeptionierung und Leitung der von der VW Coaching und der Industrie- und Handelskammer angebotenen Weiterbildung in ›Organisationsberatung state of the art‹.

Forschungsschwerpunkte: Karriereplanung, Organisationskultur und triadisches Denken. Zahlreiche Veröffentlichungen.
www.rappe-giesecke.de

LITERATUR

ANTONOVSKY, A. (1997) Salutogenese – Zur Entmystifizierung von Gesundheit. Tübingen: Dgvt-Verl. (orig. 1987)

BACKHAUSEN, W./THOMMEN, J.-P. (2003) Coaching – Durch systemisches Denken zu innovativer Personalentwicklung. Wiesbaden: Gabler

BLEICHER, K. (1994) Normatives Management – Politik, Verfassung und Philosophie des Unternehmens. Frankfurt u.a.: Campus

DREYFUS, H.L./DREYFUS, S.E. (1987) Künstliche Intelligenz, Reinbek bei Hamburg: Rowohlt

DUECK, G. (2002) Omnisophie. Über richtige, wahre und natürliche Menschen. Heidelberg: Springer

GESSNER, A. (2000) Coaching. Modelle zur Diffusion einer sozialen Innovation in der Personalentwicklung. Frankfurt/M.: Lang

GIESECKE, M./RAPPE-GIESECKE, K. (1997) Supervision als Medium kommunikativer Sozialforschung. Frankfurt/M.: Suhrkamp

HEINRICH, P./SCHULZ ZUR WIESCH, J. (1998) Wörterbuch zur Mikropolitik. Opladen: Westdt. Verl.

KANTOR, D./HEATON LONSTEIN, N. (1996) Die Neurahmung von Teambeziehungen. In: Senge, P. u.a.: Das Fieldbook zur fünften Disziplin. Stuttgart: Klett-Cotta, 472-483, insb. 481 (orig. 1994)

KAUL, C. (2002) 360°-Einschätzung bei Volkswagen: ein Erfahrungsbericht. In: Organisationsentwicklung, (1), 73-76

KAUL, C. (2003) Einsame Spitze. Coaching bei Volkswagen. In: Backhausen, W./Thommen, J.-P.: Coaching – Durch systemisches Denken zu innovativer Personalentwicklung. Wiesbaden: Gabler

KAUL, C./GESSNER, A. (1998) 360°Feedback und Coaching für das Top-Management. In: Personalführung, (2), 42-45

KAUL, C./KRAPOTH, S. (2001) Management-Audit, Möglichkeiten der Potenzial-Analyse in Unternehmen. In: Samland, J. (Hg.): Management Audit. Wie fit sind Ihre Führungskräfte? Frankfurt/M.: FAZ-Verl., 65-76

KAUL, C./KRAPOTH, S. (2004) 360°-Einschätzung bei der Volkswagen AG. In: Scherm, M. (Hg.): 360-Grad-Beurteilungen. Diagnose und Entwicklung von Führungskompetenzen. Göttingen: Hogrefe

LOOSS, W. (1999) Coaching – Qualitätsüberlegungen beim Einsatz von Coaching. In: Fatzer, G./Rappe-Giesecke, K./Looss, W.: Qualität und Leistung von Beratung. Köln: EHP (2. Aufl. 2002), 105-132

LORENZER, A. (1973) Sprachzerstörung und Rekonstruktion. Frankfurt/M.: Suhrkamp

MARTENS-SCHMID, K. (Hg.) (2003) Coaching als Beratungssystem – Grundlagen, Konzepte, Methoden. Heidelberg: Economica-Verl.

POYRAZ, I. (2003) Förderung von Führungsfähigkeiten bei technischen Nachwuchskräften in einer Industrieunternehmung. Univ. Hannover

RAPPE-GIESECKE, K. (1999) Zwischen Autonomie und Vernetzung – die Schaffung des Beratungssystems. In: Supervision, 36, 5-16 (PDF-Datei auf der Homepage: www.rappe-giesecke.de)

RAPPE-GIESECKE, K. (2003) Supervision für Gruppen und Teams. 3. Aufl. Berlin u.a.: Springer

SCHEIN, E. (1992) Karriereanker – die verborgenen Muster in ihrer beruflichen Entwicklung. Darmstadt u.a.: Beratungssozietät Lanzenberger Dr. Looss Stadelmann (orig. 1990)

SCHEIN, E. (1997) The concept of client from a process consultation perspective: A guide for change agents. Working paper des Center for Organizational Learning – MIT, Boston (Dt. in: Schein 2000)

SCHEIN, E. (2000) Prozessberatung für die Organisation der Zukunft – Der Aufbau einer helfenden Beziehung. Köln: EHP (2. Aufl. 2003)(orig. 1999)

SCHMUCK, P./EIGNER, S./KRAPOTH, S./KAUFHOLD, A. (1997) Wie kommen Menschen zu ganzheitlichem Denken und Handeln? Ein Annäherungsversuch anhand biografischer Analysen und eines Interviews mit dem Nobelpreisträger Ilya Prigogine. Koordinations- und Studienzentrum Frieden und Umwelt, Göttingen

SCHÜFFEL, W. u.a. (1998) Handbuch der Salutogenese. Wiesbaden: Ullstein Medical

TURKLE, S. (1998) Leben im Netz. Identität in Zeiten des Internets. Reinbek bei Hamburg: Rowohlt

Abbildungshinweis

Die Idee zu dem Bild auf Seite 143 stammt von einem Foto, dessen Original wir nicht mehr identifizieren können; wir möchten es hier trotzdem zur Illustration des Falles nutzen.

William Isaacs

DIALOG ALS KUNST GEMEINSAM ZU DENKEN
Die neue Kommunikationskultur für Organisationen

EHP-ORGANISATION; ISBN 3-89797-011-2 / 336 Seiten

»Wo Mitarbeiter nicht nur anders handeln, sondern anders denken lernen sollen, sind übergreifende Veränderungsprogramme notorisch ineffektiv«

»Der Grundlagentitel zum Dialogbegriff in Beratung und Alltag«
Edgar Schein

»In unserer Arbeit haben wir immer wieder die paradoxe Beobachtung gemacht, dass Durchbrüche in der Entwicklung von Organisationen sowohl fundamentale Veränderungen auf der persönlichen Ebene wie auch auf der organisatorischen Ebene voraussetzen, und ich kann mir kein anderes Buch vorstellen, das dieses Paradox deutlicher, verständlicher und nutzbringender darlegt. Und ich mache mir jetzt keine Sorgen mehr um die praktische Umsetzbarkeit von Dialog: Die Leute, die in den Beispielen dieses Buchs vorgestellt werden, sind praktisch orientierte Manager, Führungskräfte aus einigen der bedeutendsten Unternehmen der Welt.«
Peter Senge

Edgar H. Schein

ORGANISATIONSKULTUR
»The Ed Schein Corporate Culture Survival Guide«

Übers. Irmgard Hölscher

EHP-ORGANISATION; ISBN 3-89797-014-7 / 180 S.; 19 Abb.

»Endlich liegt wieder eine aktuelle grundlegende Einführung vor ... Jeder, der sich für Corporate Culture, diesen oft gebrauchten und noch öfter missbrauchten Begriff, interessiert, benötigt dieses Buch.«
John Van Maanen

»Jetzt hat Schein eine Überlebensanleitung zum Thema Unternehmens-kultur veröffentlicht, was schon beim Untertitel die kritische und in Teilen auch ironische Grundhaltung deutlich werden lässt. In diesem Werk wer-den die Werkzeuge für Manager (und Berater) vorgestellt, die die Unter-nehmenskultur erfassen und über die Zeit modifizieren wollen.«
OrganisationsEntwicklung

Edgar H. Schein

PROZESSBERATUNG FÜR DIE ORGANISATION DER ZUKUNFT
Der Aufbau einer helfenden Beziehung

EHP-ORGANISATION; ISBN 3-89797-010-4 / 312 Seiten

Ed Schein, Mitbegründer der Organisationsentwicklung, hat die Prozessberatung fit gemacht für das 21. Jahrhundert. Das vorliegende Buch ist schon jetzt ein Klassiker der Organisationsliteratur.

Nach über 40 Jahren internationaler Erfahrung als Berater in großen Unternehmen und mit allen Arten von Klienten und Kundenorganisationen gelingt es Schein, die wichtigsten Grundlagen der Organisationspsychologie in einer verblüffend einfachen Sprache darzustellen und kunstvoll ihren Gegenstand in seiner ganzen Komplexität zu erfassen.

Aus dem Inhalt:

1. Teil (Definition von Prozessberatung): Was ist Prozessberatung? Psychodynamik der helfenden Beziehung, Aktives Fragen als Interventionsmethode, Konzept des Klienten.

2. Teil (Dekodieren verborgener Kräfte und Prozesse): Intrapsychische Prozesse, Kulturelle Regeln von Interaktion und Kommunikation.

3. Teil (Intervention als Lernhilfe): Kommunikation und Feedback, Gruppenprozessinterventionen, Interpersonale Prozesse, Dialog.

4. Teil (Prozessberatung in Aktion): Einstieg, Settings, Methoden und der psychologische Vertrag, Prozessberatung und die helfende Beziehung.

»Ein Standardwerk zur helfenden Beziehung in Coaching, Führung, Teamentwicklung und OE, mit zahlreichen illustrativen Übungen aus der Praxis; für Führungsverantwortliche und Manager und alle Berater, Psychotherapeuten und Ärzte, Coaches und Wissenschaftler, die mit Veränderung und neuen Organisationsformen zu tun haben.«

Bernd Schmid

SYSTEMISCHES COACHING
Konzepte und Vorgehensweisen in der Persönlichkeitsberatung

EHP-HANDBUCH
SYSTEMISCHE PROFESSIONALITÄT UND BERATUNG;
ISBN 3-89797-029-5 / 332 S.; zahlr. Abb.

Coaching und Persönlichkeitsberatung erfordern, vielfältige Gesichtpunkte unter einen Hut zu bringen. Statt fester Vorgehensweisen bietet der zweite Band des Handbuchs wesentliche Konzepte aus jahrzehntelanger Erfahrung, die helfen, Menschen in professionellen Entwicklungen und Organisationszusammenhängen zu unterstützen und dabei zu sich selbst zu finden.

Aus dem Inhalt: Antreiberdynamiken, Ich-Du- und Ich-Es-Typen; Symbiotische Beziehungen; Zwickmühlen, Komplexität, Dilemma und Sinn; Kontrolldynamik; Traumarbeit; Geschlechtsidentität; Erfolgsfaktoren; Kontraktgestaltung; Coaching als Begegnung von Wirklichkeiten und Kulturen; Seelische Leitbilder in Coaching und OE; Entwicklung der Professionalität.

Peter Höher / Friederike Höher

KONFLIKTMANAGEMENT
Konflikte kompetent erkennen und lösen

EHP-PRAXIS; ISBN 3-89797-018-X / 220 S.; zahlr. Abb.

Zielgruppe des Buches sind Menschen mit Konflikten am Arbeitsplatz. Trainer, Berater und Coaches benutzen es ebenfalls und setzen es zu Ausbildungszwecken und in der Lehre ein. Etwa ein Fünftel der Arbeitszeit von Führungskräften wird von Konflikten beansprucht. Konflikte sind ständige Begleiter des beruflichen Alltags. Ohne sie gäbe es keine Veränderungen und keinen Fortschritt. Damit Konflikte nicht bedrohlich und zerstörerisch werden, ist ein kluger und effizienter Umgang mit ihnen gefragt.

Sie erfahren hier, wie sich komplexes Konfliktgeschehen steuern lässt. Unterstützt durch Checklisten, Fallbeispiele und Karten werden Ihr Konfliktverständnis und Ihre persönliche Konfliktkompetenz entwickelt.

aus dem Inhalt:

Führen heißt Konflikte lösen (Was sollen Führungskräfte können? Welche Konflikte haben Führungskräfte?)
Was sind Konflikte? (Welche Arten von Konflikten gibt es? Welche Formen nehmen Konflikte an? Wie entstehen Konflikte? Wie sind Konflikte aufgebaut? Wie verlaufen Konflikte?)
Wie entstehen Konflikte in Organisationen? (Welche Konflikte haben Gruppen? Managing Diversity, Spielregeln der Kommunikationskultur, Wie beugen Sie Organisationskonflikten vor? Wie führen Sie ein Konfliktmanagement-System ein?)
Wie bewältigen Sie Konflikte? (Wie analysieren Sie einen Konflikt? Wie handeln Sie als fairer Konfliktpartner? Wie verhandeln Sie sachlich? Wie bearbeiten Sie als Führungskraft Konflikte konstruktiv? Konfliktmoderation, Mediation)

Gerhard Fatzer / Kornelia Rappe-Giesecke / Wolfgang Looss

QUALITÄT UND LEISTUNG VON BERATUNG: SUPERVISION, COACHING, ORGANISATIONSENTWICKLUNG

EHP-ORGANISATION; ISBN 3-89797-002-3 / 205 Seiten

»Ein Leitfaden und Ratgeber für Auftraggeberorganisationen in einem immer wichtiger und unübersichtlicher werdenden Feld von Dienstleistungen.«

Die Begleitung von tiefgreifenden Veränderungsprozessen findet als externe und interne Dienstleistung Verbreitung: Supervision, Coaching von Führungskräften oder Entwicklungsbeauftragten und Organisationsentwicklung (OE).

In diesen Bereichen besteht großer Informationsbedarf. Wie beschreibt man diese Dienstleistungen? Was sind ihre Möglichkeiten, wo sind ihre Grenzen? Wie sehen Beratungs- und Entwicklungsprozesse aus? Wie können die erforderlichen Eigenschaften eines Supervisors, eines Coaches oder Organisationsentwicklers beschrieben werden? Wie ist die Qualität von Beratung zu ermitteln? Wie können diese Kernkompetenzen erworben und vom Auftraggeber eingeschätzt werden?

Die Autoren, führende Berater, Ausbilder und Forscher aus Deutschland und der Schweiz, beschreiben, wie die verschiedenen Interventionsformen aus externer oder interner Position entstanden sind, welche Merkmale sie auszeichnen und welche Formen und Zielgruppen bzw. welche Fragestellungen und Kontexte sie umfassen.

Der Band richtet sich an Führungskräfte, Personalverantwortliche und Auftraggeberorganisationen, die Supervision, Coaching und Organisationsentwicklung in Anspruch nehmen, und hilft, durch professionelle Orientierung eigene Ressourcen sinnvoll zu nutzen.

»Das wichtigste, was es über Beratungsqualität zu sagen gibt ... Merkmale und Qualitätskriterien von guten Organisationsberatern ... mit Abstand das Gescheiteste, was ich je über Supervision gelesen habe ... bemerkenswert der Beitrag von ›Coaching-Papst‹ Looss!«

Anton Strittmatter